U0030659

# 圖解 7位頂尖秘書教你職場行政成功術

台北市專業秘書暨行政人員協會
王承瑄
石　恩
周純如
游美未
楊婷雅
瑪貴琴
蘇珊琉
合著

余佩玲
Noax
撰文

〈前言一〉

# 秘書、助理與行政人員這一行

## 待遇、工作性質如何？職涯發展的競爭力在哪裡？

每一間公司都有日常行政、國內外差旅與會見訪客的需求，自然需要行政人員來打理好這一切。當科技日新月異，紀錄工具從紙本記事本升級成PDA、智慧型手機乃至於平板電腦，許多人也許會好奇：秘書（Secretary）、行政專員（Administrative Professional, AP）、行政助理（Administrative Assistant , AA）等各類行政人員，還是一個無可取代的職業嗎？

## 行政人員：管理職、經理人的全才歷練

事實上，功能再怎麼多的電腦裝置、彙整能力再怎麼強的程式，都需要更靈巧的人腦來操作。學生可以從課本上得知許多偉大的管理理論，然而要找到一套真正可行的模式，必須要在現實世界中實際運作，秘書、助理、行政人員的職位可以說是一個最好的視角，來驗證管理理論是否能順利上路，這個歷程，也是管理職、經理人的全才歷練之路。

將公文分門別類歸檔、把會議流程排好通知公司上下、幫老闆跑腿買東西……這些事情聽起來門檻很低，但它們可以很繁瑣複雜，要做得條理分明，同時符合職場上前輩、同事們的期待與要求，其實非常不容易！大受歡迎的職場電影《穿著PRADA的惡魔》中，女主角努力伺候急驚風又刻薄的時尚界暴君，一路上篳路藍縷，直到最後暴君稱讚她：「你已做了選擇，你選擇超越。」這一句讚美，是歷經了多少無所適從與冷嘲熱諷才換來的呢？

全才歷練之路處處考驗，而這條路在台灣又提供多少薪水誘因，讓社會新鮮人願意從基層歷練起？或是將秘書、助理、行政人員當作終身職志？

## 薪資結構是如何？：新進人員與資深者的待遇比一比

現在台灣青年普遍低薪，依照主計處統計，大專院校畢業後五到七年，平均月薪高於新台幣30,000元的青年勞動力人口比例，竟低於50%；而平均月薪高於新台幣40,000元的比例，竟然不超過15%！在這樣的大環境氛圍下，社會新鮮人若謀求秘書、助理、行政人員一職，月薪視台企外商、產業類別、工作地區、畢業學校、最高學歷而定，大學畢業起薪範圍約在新台幣26,000元到35,000元，研究所學歷以上，起薪範圍則在

28,000元到45,000元之間，甚至有不少「依公司規定的22K」（新台幣22,000元）的破盤薪資，讓許多新鮮人有朝不保夕之感，於是常常把行政職當作「轉職第一步」或「先求有再求好」。

難道秘書、行政人員就沒有出頭天的時候？當然不見得！許多大老闆都是從基層歷練起，例如前亞都麗緻集團總裁嚴長壽先生就從打雜小弟開始，一路學習，成為今天令人欽佩的企業家。而一輩子以行政工作為職志，也是一條可行之路，本書作者群的七位講師，清一色擔任秘書、行政職務超過十年以上，各個都是秘書界的MVP。

今天行政工作界的頂尖人才，正是許多大型企業爭相聘用的對象，例如新竹某間知名科技大廠，高階主管秘書的徵才條件之一，就是要具備十年從業經驗，月薪也在新台幣70,000元以上，相較於高考及格或是一般企業的主管職而言，收入毫不遜色，眼界高度自然也不在話下。

## 化繁為簡、人際折衝的試煉場：為職涯發展奠定基礎

在解析秘書、行政人員的薪資結構後，社會新鮮人對於踏入這一行的主要疑問，歸納起來有四大類：「會不會很無聊？」「跑不出既定流程的框架？」「升遷機會不多？」「只

會行政會不會喪失競爭力？」

首先，絕對別把秘書、行政工作和慢條斯理的「僚氣」畫上等號。企業界的步調相當快，秘書與行政人員絕對不只有照表操課，而是天天充滿挑戰，有時候只怕你心臟不夠大顆！

再來，一間成熟的公司，通常都要形成一套既定流程；新興公司比較沒那麼多成文的內規，事業發展的同時，也是在摸索「如何形成最好的既定流程」。對於「跑不出既定流程的框架」這個疑問，端視你加入了發展中還是業務已成熟的企業。不過天下事無奇不有，企業面臨的「新挑戰」，說穿了就是「超乎既定流程能處理」的事情，在接受挑戰的同時，就是修正、走出流程框架的時刻。

第三個問題，是升遷機會的多寡。製造業獲利的動能在製造，通常聘用的行政職沒有服務業多，服務業講究用「人」來爭取最高的附加價值，行政人員在所服務的業界，要時時刻刻學習，並觀察獲得晉升的人，是怎麼被科層制度認同。即使身處基層，將眼光放在科層之上，自然會鞭策自己成為這個體制中的「人上人」；如果發現志不在此，則將志向放在科層之外，現階段你所接受的磨練，必然會成為未來人生的養分。

第四點，許多人懷疑行政工作學到如何端茶灑掃、收編公文，是一堆瑣碎無法歸類的雜務，彷彿套在任何一個專業領域都「樣樣通、樣樣鬆」，而衍生出「只會行政沒有用」的質疑。事實上，行政工作讓你接觸公司經營最赤裸、也最全面的面向，從行政工作延伸出去的學問，更有管理、行銷、財務、會計、法律、品管、稽核乃至於顧問。當你了解一片森林的生態系時，對於某一個林相甚至某一棵樹感到無比的興趣，想要深入觀察時，行政工作就是那個入口的敲門磚。

## 配合興趣專長：建構自己人生的最佳行政管理

無論是不是選擇秘書、助理、行政工作，上班族除了設定工作里程碑之外，還有家庭、財務、人際、學習、公益、健康、休閒等等的目標，來建構完整的人生。

人生會有許多夢想，例如躺在托斯卡尼的艷陽下讀一本文學小說、在浪漫之都巴黎學會道地的法國菜、與一群好友騎單車壯遊千里、到被戰爭天災摧殘的國度擔任志工、從旱鴨子御宅族變成三鐵達人……，這些夢想能不能達成，其實可以從工作態度中見微知著。

舉例而言，面對上司「明天早上九點，請各部門主管來開朝會」的指令，你負責會議的安排，並認為自己已經e-mail、電話通知所有主管了，還會有甚麼需要做的呢？

是的，你有做，但是有經驗的秘書與行政人員，還會主動巡視會議室、測試會議設備。到這裡是完成了會議的前置作業，然而道行更深的秘書與行政人員，不僅會預習會議內容、提早stand by，並會把會議資料準備好，事先就發給各主管，開完會後，會議記錄自然也到了每一位與會者手上。不過一山還有一山高，堅持把事情做到好的秘書與行政人員，接下來會定期追蹤會後需要改善的事項，一星期、一個月甚至更久，他都會鍥而不捨——有做、做完、做對、最好之後，最頂尖的秘書與行政人員會將這一套心法變成SOP，往後不管到哪裡高就、子弟兵是誰接手，最有效率的行政模式都能傳承下去。

從這個小小的例子就可以看出，秘書、行政人員必須在數小時的實現中，採取最符合實際的行動，讓公司事務可以順利進行，並且明確記錄下何時該做什麼事，把可能一星期、一個月甚至更久之後才能達成的目標分割成小單位，而且不忘記每個檢查點，溝通、協調、處理，讓工作的成果得以優化——這樣的判斷力、策劃力與執行力，難道不是我們規劃充實人生的必要條件嗎？

因此，這本書匯集了眾多秘書、行政工作界MVP的獨家心法，無論你是一位正在考慮選擇秘書、助理、行政職務的社會新鮮人，還是踏入這個業界不久的夥伴，有心為職場技能充電、提升專業能力的秘書、助理、行政工作者，相信都能從本書中獲益良多，為自己的職涯與人生做出最佳的行政管理。

〈前言二〉

# 秘書、助理與行政人員通往中、高階主管的成長之路

## 職場先進給社會新鮮人與從事行政工作者的建議

對於沒有特殊專業的社會新鮮人而言，最有機會獲得錄用的，不外乎秘書、助理、行政人員等職缺；然而，許多人最抗拒就任的，卻也是秘書、助理、行政人員等職缺。原因在於這類職缺的業務繁瑣、細碎，年輕人深怕被無止盡的庶務淹沒後，就此喪失奮發向上的鬥志，成為「萬年」秘書、助理或行政人員。

然而，諸多企業中、高階主管在職涯初期，如勤誠興業董事長陳美琪、可樂遊旅前副總經理徐敬德、博客來創意生活事業部經理林士民等，都曾擔任過秘書、助理或行政人員；他們異口同聲地說，此段職涯歷練獲利豐厚，正是自己日後超越同儕的關鍵。

## 從秘書到上櫃公司負責人

縱使是「萬年秘書」，也不一定就是「人生失敗組」，只要不卑不亢、盡忠職守，將工作技巧琢磨到極致，一樣可以成就職涯夢想。被稱為「筆記女王」的成功大學教授助理林佩玲（Ada），將當助理安排行程、處理庶務的筆記心得付梓，一躍成為暢銷作家，而她所掀起的「筆記學」旋風，經過數年後，迄今猶有餘溫。

現身為上櫃公司負責人的陳美琪，在職涯初期，曾在一家小型貿易公司擔任秘書，她的遭遇與辛酸，堪稱多數「菜鳥秘書」的寫照。雖然畢業於政治大學，當時貿易公司秘書必備的打字、珠算、英文會話等技能，她卻樣樣一竅不通，一封英文信得寫上七、八天，寄樣品給國外客戶，常常貼了郵票卻忘了放樣品，報價單也大、小紕漏不斷，幾乎天天遭到老闆大聲叱責。

這家貿易公司老闆罵人相當直接，言辭頗為直白、嚴厲。迄今，陳美琪仍記憶猶新，這位老闆曾當眾罵她：「你的工作，我只要用小腦的四分之一就可做好」、「你只值你所拿薪水的七分之一」、「陳小姐，請告訴我，你到底會什麼」。若非經濟壓力不容許辭職，加上同事們不吝給予鼓勵、支持，才讓她勉強支撐下去。

有一天，引薦陳美琪到此任職的同學前來探班，親眼見識她被老闆狠狠數落，於是打算介紹她另一個薪資較高的工作。陳美琪竟然婉拒了同學的美意，關鍵在於老闆言辭雖然辛辣，但追根究柢都是她工作效率欠佳的原故，因此她決定留下來，強化工作能力；她更為自己設定目標，即「未來當我要跳槽時，老闆會懇求我留下來」。

## 沒有磨練就沒有蛻變與成長

此後，陳美琪在每天下班後苦練打字，連假日也不休息，自發到公司製作、寄送樣品。起初，從小到大都是校園風雲人物的她，不免悲從中來，常常一邊做樣品、一邊掉眼淚，雙手都是製作樣品受的傷；但漸漸地一分鐘內她已能打出60個字、樣品也愈做愈順手，還可以一邊工作、一邊微笑，而老闆的罵聲則日漸減少。

離開這家貿易公司多年以後，陳美琪報名了卡內基訓練課程。在第一堂課，講師要求學員以「我最感謝的人」為題撰寫文章。她毫不猶豫，下筆感謝這位老闆，因為如果沒有經過這位老闆的大力打磨，她就不可能快速蛻變、成長，突破職場上的重重關卡，並有今日這番成就。

「想成為一位稱職、出色的秘書或助理，最重要的事，莫過於讀懂老闆，並懂得察顏觀色。」徐敬德寬慰後進，雖有少數不講道理、難以溝通的企業主，但大多數企業主都相當理性。但她也提醒，每位企業主的個性、行事風格皆不同，有人說一不二，有人容易見異思遷，秘書、助理必須讀懂老闆的真意，才能勝任愉快。

初當秘書之際，徐敬德建議，可先向其他同事旁敲側擊，或請教其他秘書或前一位秘書，蒐羅如何與老闆相處的相關資訊。但盡信書不如無書，蒐羅到的資訊雖定有珍寶，卻也必定含有泥沙，畢竟有人有所顧忌，有人以偏概全、觀察錯誤，應當存而疑之，待日後逐一核實、修正。

## 緩事勿急辦、急事勿緩辦

身為老闆、上司的「近臣」，一言一行、一舉一動皆在其眼皮底下。林士民直言，老闆可能對其他員工溫言軟語，卻對秘書相當嚴厲，要求完全不同，除了要掌握老闆、上司的個性與習性，對於所交辦的工作，更要戮力完成，不可有一絲鬆懈，但若交辦事項甚多，則應分清其輕重緩急，切勿緩事急辦，急事卻緩辦。

「秘書或助理最遲得在半年內，摸清老闆、上司的個性、好惡，否則便代表察顏觀色的能力仍有待加強。」林士民坦言，台灣不乏有老闆個性猶豫，說一次YES並非真的是YES，說一次NO也並非真的是NO，秘書必須練就掌握老闆意向的本事，「倘若沒有十足的信心，就應直接向老闆確認。」

已在成大擔任秘書、助理超過二十年的林佩玲，曾與多位教授共事，她不諱言，秘書或助理與老闆必定有一段磨合期；當處於磨合期時，不必操之過急，秘書或助理應細心觀察老闆的諸多小細節，以確認老闆的行事風格，畢竟每位老闆對秘書的寬容度不一，必須避免表錯情、答錯意的情況。

有些老闆心直口快，有些老闆表裡如一，有些老闆心口不一，有些老闆刀子口、豆腐心，有些老闆卻外寬內忌，有些老闆願意放權，有些老闆則大權、小權獨攬，卻還要假裝民主。林佩玲微笑地說，表面上和顏悅色的老闆，不見得就是好老闆，但要求嚴謹的老闆，卻可能是自己職涯上的貴人。

## 保密、公正是秘書的天職

「在成大當助理的初期，曾跟隨過一位以『龜毛』著稱的教授，對每項事務的要求，都近乎吹毛求疵。」林佩玲回憶道，就連桌、椅的方位與間隙，這位教授都要一一檢查，文件的格式、用語、裝訂，更是極其講究，讓她天天都疲於奔命、苦不堪言。但在此後，她轉任其他教授的助理，便備感輕鬆、愉快，甚至會以「龜毛」教授的標準，要求其他助理。

老闆一個眼神、一個動作，秘書或助理都得心領神會；甚至是老闆一個模糊的指示，秘書都可準確完成任務。林佩玲透露，例如當老闆略為翻白眼時，她就知道自己的意見已被否決，當老闆模糊地說「我要那個文件」，她也可立即調出正確的檔案；有時，老闆還沒開口，她就已將所有文件準備就緒。

然而，秘書、助理也因為最常與老闆接觸，常有其他同事前來探詢大大小小的事，如「老闆今天心情如何」、「公司最近要裁員嗎」、「今年的年終獎金是多少」。徐敬德嚴肅地說，守口如瓶、頭腦靈活、秉公待人處事，實為秘書、助理的天職；因為秘書、助理隨口一句話，都可能被視為老闆授意，嚴重者甚至掀起辦公室風暴，公司政策被迫改變，風暴最後必定傷及秘書本人。

徐敬德認為，秘書、助理或可對同事陳述老闆今天心情好壞，但即使對最知心的同事，也不可洩漏公司政策，或老闆對同事的褒貶；同樣地，即使不喜歡甚至厭惡某位同事，也不可在老闆耳邊打小報告，甚至搬弄是非，否則一旦老闆發現被誤導，後果將不堪設想，而傷人者終將自傷。

## 讓老闆無後顧之憂

每一位秘書、助理希望遇到好老闆，徐敬德墾切地說，每一位老闆也都期待秘書、助理可以打點好所有行政業務，使其工作更加順暢、準確、有效率，能夠無後顧之憂地衝刺事業，而非成天為行政工作收拾殘局。

「無論為人、處事，秘書、助理一定得比其他同仁更謹慎、圓融。」林士民強調，秘書、助理切勿與老闆爭辯，因為彼此權力不對等，無論爭辯輸贏，秘書、助理永遠是落敗的一方。當老闆大發謬論時，秘書、助理不必應和，也不必反駁；但當老闆要執行錯誤的決策時，則應迂迴、有技巧地勸阻，幫助老闆發現窒礙難行之處，讓他自行懸崖勒馬。

「對老闆而言，無不希望秘書、助理成為其得力助手，彼此心意相通、默契十足。」林士民不諱言，老闆心目中完美秘書、助理的條件有二：一為能力與他一樣強，二是不會爭功諉過，能夠自動自發完成所有工作，無須時時耳提面命、逐一叮囑。

只是，秘書、助理每天都有忙不完的庶務、行政流程，容易令人心生倦怠、熱情全消。林士民肯定地說，行政工作人員也要懷抱理想、夢想，才能以愉快的心情工作，不會變成同事不理、老闆不愛、自己成天長吁短嘆的無聊上班族；當其他部門有職缺時，方有機會優先遞補。

## 當秘書得為老闆「擋子彈」

秘書、助理總站在老闆背後，難免偶感「有功無賞、打破要賠」。林佩玲分析，不願站在第一線的上班族，適合從事秘書、助理或行政人員；其優點在於不必擔負較大的責任，缺點是個人功勞、業績容易被忽視，必須任勞任怨、甘居幕後，倘若無法適應，應盡早轉任其他職位。

「當老闆犯小錯時，秘書、助理得適時挺身而出『擋子彈』。」林佩玲舉例，即使是再精明的老闆，也一定有犯錯的時刻，若只是寄錯電子信箱等無傷大雅的錯，秘書大可一肩承擔，顧全老闆的臉面，「至於老闆犯了大錯，也很難將過錯嫁禍給秘書，不必過慮。」

諸多青年世代常誤以為，一旦就任秘書、助理，不僅將是職涯的起點，更將是職涯的終點。徐敬德澄清，一般上班族僅能接觸本部門的業務，秘書、助理等因協助老闆處理公務，嫻熟每個部門的業務，視野、人脈皆更為寬廣，只要保有上進心、企圖心，就有機會轉進關鍵部門，就此步上職涯坦途。

「在旅行社，最有機會獲得升遷的部門，自是業務部門；畢竟，老闆最關心公司盈虧，及獲利是否年年持續成長。」徐敬德以自身經歷為例，她便是先當秘書，再請調至業務部門，最後獲拔擢為副總經理，而有為者亦若是，「大多數秘書、助理聞財務色變，但若能強化財務知識，職涯發展將如虎添翼！」

## 諸多名人都曾擔任過秘書

由秘書調任生活事業部、現已升為經理的林士民表示，秘書、助理、行政人員一定得廣結善緣，樂於幫助而非刻意刁難其他同事，未來方可得道多助；切忌狐假虎威、拿著雞毛當令箭，否則在轉戰其他部門後，前景註定多災多難、橫生掣肘，且無人願意伸出援手。

林士民強調，秘書、助理若想來日出人頭地，應學習老闆看待人、事、物的高度與廣度，及其運籌帷幄、調和鼎鼐之策略，事事多留心、在意，而非甘心做個轉文、傳話的小螺絲釘。如此，未來無論膺任何種職位，都可快速適應，且後發先至。

電影《穿著Prada的惡魔》訴盡秘書、助理的甘苦，林佩玲勸勉青年世代，即使遭遇如惡魔般的老闆，倘若其要求不逾越情、理、法，應用心揣摩老闆的長處、特點，欣賞其怪異突梯的行為、舉止。一如電影中的安．海瑟薇（Anne Hathaway），在短短的時間內，從懵懂無知的「無技術勞工」，快速成長為獨當一面、戰力驚人的大將。

「國內外不少企業名人都曾擔任過秘書、助理一職。」林佩玲相信，在台灣社會秘書、助理還未受到應有的重視；其實，這項工作的業務包羅萬象，有時還得幫老闆處理私事，工作一點也不輕鬆，遠比許多職務複雜，「認真當好一位秘書、助理，對未來職涯發展助益極大！」

## 給從事行政工作後進的話

多聽多學、眼明手快，做事要快、準、俐落。今日事、今日畢，仍猶嫌不足，最好今日便可做完明天的事，更不可將昨天的事拖到今天。

可樂遊旅前副總經理　徐敬德

萬事謹慎、小心，終有一天，可修成「正果」。

博客來創意生活事業部經理　林士民

**不要當老闆的看門狗，而是要當他的「門神」。**

成功大學教授助理、筆記女王　林佩玲（Ada）

想在主管前面！懂得適時提供及提醒正確資訊，成就主管與部門任務。

NU SKIN 大中華 共贏促成總監 Mavis Hsieh

# 第1章

# 形象與情緒管理術

## 掌握職場的應對進退，提升個人競爭力

# 1-1 專業行政人員的Dress Code

## 打理門面，展現專業

「我出門時，老媽把我抓回來，逼我一定要穿窄裙套裝，我說當初面試時，全辦公室都很free style，連總監都穿牛仔褲加布希鞋，穿太正式根本是外星人！但老媽打死不相信……」

畢業後首次大學同學會，做廣告設計的朋友，分享她第一天上班，穿著一身正式套裝而被同事恥笑了一整天的故事。

「好好哦，都可以穿自己的衣服，我們一年到頭都是制服，無聊死了。」在銀行工作的朋友抱怨著。

在連鎖餐飲店當儲備幹部的朋友也附和：「唉，我也是穿制服穿到有夠煩！」

「去見重要客戶時還是要一件西裝外套啦！」

「我們公司秘書沒有發制服，不過前輩不是穿套裝，就是有袖子的連身裙……」一位新進秘書說。

「這樣聽起來最棒了，看起來又專業又自由。」

「哪有！每天都好頭痛要穿哪件衣服——」

一群社會新鮮人嘰嘰喳喳討論不休，到底專業行政工作者的Dress Code是怎麼一回事呢？

## 秘書、助理、行政人員從頭到腳整齊俐落

當你為了謀職而來到百貨公司尋覓衣服，先把注意力集中在所謂「不那麼有趣」的衣服上，畢竟秘書、助理、行政人員從頭到腳給人的印象，就是要乾淨俐落，因此一開始打「安全牌」總比打「個性牌」有利。

從上衣、下著、襪子、鞋子到配件，想要穿出一身專業，可以參考以下建議：

| 女　性 | |
|---|---|
| 上衣 | 襯衫、針織衫、U領或V領上衣、高領毛衣……女裝上衣的好搭配，何必堅持把削肩、低胸、露腹肌的約會決勝服穿來辦公室？ |
| 下著 | 窄裙、摺裙的長度不建議高於膝蓋10公分以上。哥德式澎澎蛋糕裙會讓你像走錯棚的cosplayer，長過腳踝的裙子會降低移動速度。<br>長褲、九分褲、七分褲都可以有不錯的搭配，短褲、飛鼠褲不適合。 |
| 連身衣物 | 非削肩、非顯現腰身的連身洋裝有加分效果，樣式花色則不宜太花俏。 |
| 襪類 | 用黑絲襪、透明絲襪營造整體感，黑色中筒襪配深色鞋也能修飾腿型。 |
| 鞋子 | 在繁忙的辦公室中，行走飛快的雙腳建議搭配中、低跟或坡跟鞋，避免過高的高跟鞋減損自己的戰鬥力，拖鞋、羅馬涼鞋NG。 |
| 配件 | 手錶必備，裝飾品要畫龍點睛，太多叮叮咚咚的飾品絕不是好選擇。 |

| 男　性 | |
|---|---|
| 上衣 | 長袖襯衫比短袖襯衫正式，不過在台灣這樣炎熱的環境，短袖襯衫也是可以通融的，謹記襯衫內要穿白色內衣，避免激凸尷尬。襯衫花色從素色、條紋、格紋都OK，夏威夷風格的大花襯衫請別穿到公司獻寶。<br>另外POLO衫、針織衫也都算合格的男性行政人員上衣。 |
| 下著 | 西裝褲必備，卡其長褲也在safe範圍，牛仔褲請等到便服日，再視公司風氣穿著。<br>把短褲、迷彩褲的quota留在運動或玩生存遊戲時再派上用場。 |
| 連身衣物 | 你不是修車技師或園藝人員，請把吊帶褲這類連身服留在下班後、假日體力勞動時穿。 |
| 襪類 | 請穿深色襪子，讓你坐下時，長褲下的腳踝不會露出一節毛毛腿，也避免穿白色的襪子，以免顏色不搭。 |
| 鞋子 | 買一雙好皮鞋並定時保養，公司的便服日才穿休閒鞋。 |
| 配件 | 不管有多少可以顯示時間的3C產品，手錶永遠是必備品。此外，準備好幾條搭配襯衫的領帶。 |

## 職場服裝「秀」的主題：專業

知名影集《慾望城市》中，四位女主人翁總是穿著符合她們風向、火向、水向、土向星座特質的衣服，展現她們的個性與感情觀，同時也為各知名品牌服飾打廣告。

行政人員的職涯也是一個伸展台，最需要被廣告的是自己，服裝秀出的核心就是「專業」，把握這個概念，穿出多變不呆版、自信有精神的專業秘書Dress Code吧！

## 秘書、助理與行政人員的 Dress Code

# 1-2 辦公室應對進退八陣圖

## 用IQ與EQ練就「通情達禮」的功夫

「幫我到樓下買咖啡送去總經理室！老總和業務部的大頭要喝。」一位業務副理經過新進秘書的座位旁，隨口丟下一句話。

「我現在正在弄報帳……」

「你就幫個忙啊！我有急事要處理，還有我告訴你，帳不會跑掉，大頭們現在就想喝咖啡，滿足他們的事情先處理，OK？」

手上工作被打斷，加上這麼差的口氣，新進秘書一時語塞，不知該怎麼隱藏自己的不悅，正在回覆電話的資深秘書Joanne站起身，從抽屜裡拿出咖啡儲值卡遞給新進秘書，一邊對業務副理打手勢抱歉。

等新進秘書跑腿回來後，資深秘書Joanne問：「你有買一杯請副理嗎？」

「呃，沒有。」新進秘書愣了一下，心想副理又沒有說他要喝咖啡，而且剛剛那樣凶巴巴地，自己難道還要端著咖啡去討好他？

「來來，這算是我們私下聊天。」Joanne靠近新進秘書，低聲說：「對老闆來說，秘書是要幫他們料理麻煩，不是找麻煩的。」

「這個……」新進秘書很想抗辯，工作有先來後到，買便當、飲料，難道該排在對公司而言更嚴肅的報帳前嗎？何況業務副理的態度差到不行，這可是大家有目共睹的啊！

「至於有人沒風度，你就要比他有風度。」像是預知新進秘書想說什麼，Joanne緊接著說：「放軟身段買一杯飲料，說聲不好意思請多包涵，這樣誰能說你的閒話？」

## 釐清權責，給予最大彈性

辦公室的為難事不勝枚舉，讓許多職場新鮮人左支右絀，加上行政工作有許多地方必須和其他專職人員協調，這其中的眉眉角角就屬於「應對進退」的範疇。

說穿了，應對進退就是釐清權限在哪裡，然後依照權力大小來安排執行次序，同時盡量協調，給序列排在後頭的人較大的彈性，以避免得罪他人的一種功夫。然而，要把這些完美地處理好，實在不是一朝一夕能做到的！以下將針對開場故事的種種窘況，給予應對進退的建議，幫助你在職場上關關難過關關過：

## 新進秘書心中的OS：我該怎麼辦？

| 考驗類別 | 開場故事帶來的疑惑 | 因應辦法 |
| --- | --- | --- |
| 先聽誰的話？ | 副理的職級比我高，叫我做事我就該照辦嗎？ | **高層≥直屬上司＞同事**<br>上司可以要求下屬辦事，有問題你可以向同事請益，但怎麼做才正確，最後還是要獲得「有真正決策權」的高層認同。萬一執行情況跟高層設想的有落差，也至少得獲得直屬上司相挺。 |
| 先做哪些事？ | 排定計劃是報帳，突發狀況是買咖啡，前者應該比較重要吧。 | **突發狀況vs.排定計劃，學習向上管理**<br>在接到指令時，要思考自己的工作排程，詢問對方排定的時限，然後告知自己處理這件事情的次序，也盡力符合對方需求。<br>若真的會撞期，也可以暗示對方，更高職級者的指令優先，這是所有人都要遵守的。 |
| 什麼態度啊？ | 副理的口吻與態度都很惹人厭，但他的確可以要求我去買咖啡啊！ | **難聽的話不見得是錯的**<br>人都聽得進去好言好語，但好言好語未必是正確的要求，甚至可能是阻礙人進步的糖衣毒藥。站在對方的立場，仔細思考難聽的話，如果它有道理，就說服自己這是一個「忠告」而去接受。 |

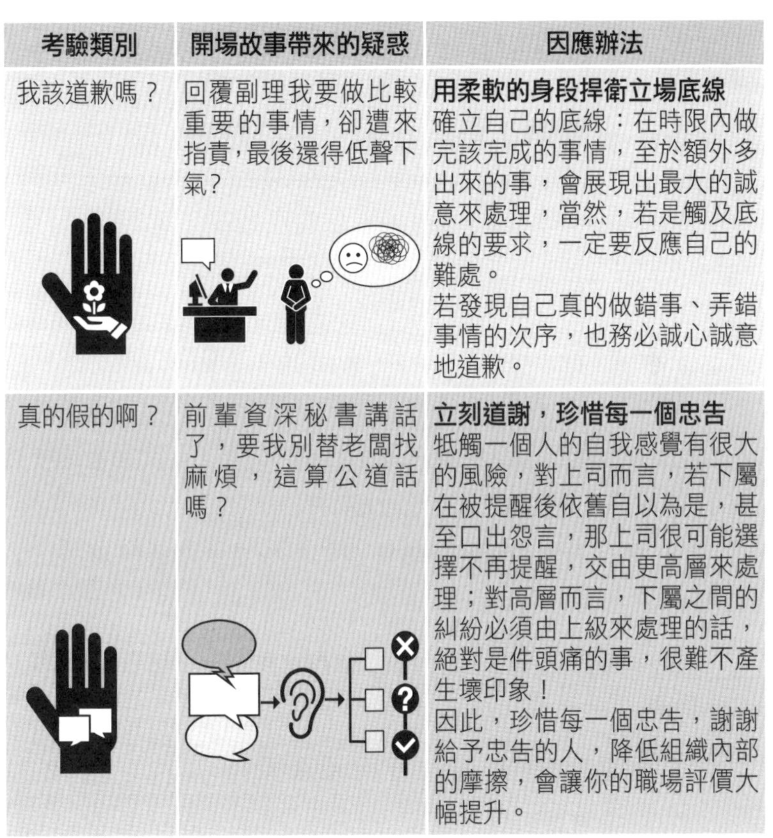

| 考驗類別 | 開場故事帶來的疑惑 | 因應辦法 |
| --- | --- | --- |
| 我該道歉嗎？ | 回覆副理我要做比較重要的事情，卻遭來指責，最後還得低聲下氣？ | **用柔軟的身段捍衛立場底線**<br>確立自己的底線：在時限內做完該完成的事情，至於額外多出來的事，會展現出最大的誠意來處理，當然，若是觸及底線的要求，一定要反應自己的難處。<br>若發現自己真的做錯事、弄錯事情的次序，也務必誠心誠意地道歉。 |
| 真的假的啊？ | 前輩資深秘書講話了，要我別替老闆找麻煩，這算公道話嗎？ | **立刻道謝，珍惜每一個忠告**<br>牴觸一個人的自我感覺有很大的風險，對上司而言，若下屬在被提醒後依舊自以為是，甚至口出怨言，那上司很可能選擇不再提醒，交由更高層來處理；對高層而言，下屬之間的糾紛必須由上級來處理的話，絕對是件頭痛的事，很難不產生壞印象！<br>因此，珍惜每一個忠告，謝謝給予忠告的人，降低組織內部的摩擦，會讓你的職場評價大幅提升。 |

## 溫柔而堅定地做正確的選擇

溫柔是EQ，做正確的選擇是IQ，應對進退是找到一種EQ和IQ的平衡點，每個職場環境的平衡點可能不同，因此隨時留意自己、同事們的作法，時時思考改進之道，相信你的行政工作能夠越來越上手。

# 1-3 不在其位，要謀其政！

## 魚幫水、水幫魚；勇於任事，用心經營

今天秘書們如臨大敵，上午10點到中午，要接待產學合作的評審，下午要陪同董事長撥出一個半小時給財金雜誌社採訪，而資深秘書正在向董事長報告下午的行程，期間光是跑來洽公的同事、call-in進來的電話就應接不暇。

「有沒有十個一樣的玻璃杯或馬克杯？上次我們用紙杯，就被評審批評不環保而扣分！」

「對客戶的行銷會議議程在哪裡？你把ppt都放到雲端硬碟了嗎？」

「中區開發案的簽呈現在到誰那邊了？」

「這一疊單據要核銷喔。」

「上回團購的零食好好吃！今天要不要再開？」聽到這通電話的新進秘書頭上掛了三條線：「我現在有急事要處理，你可以找業務部的團購達人揪啦！」除了這些辦公室內政，連停車場警衛都打電話來了：「來賓車位不夠喔！是不是要請人來移車子啊？」

「啥？我們不是有先預約嗎？」

「剛剛就有你們的客戶來！他們停走車位了，你要我怎麼辦？」

「好好好，我立刻拜託同仁移一下車子，等一下報車位號碼給你，這樣行不行？」

新進秘書開始在腦海中搜尋開車上班的同仁，百忙中要拜託誰呢？既然是行銷部門的訪客，請行銷部同仁移車應該不為過。週五中午曾經揪團外食、開車載過自己的同事，應該是希望比較大的……

## 別讓事情掉地上！

開場故事中，「喬出新的停車位」看起來不算什麼大事，然而，若平時只有「自掃門前雪，休管他人瓦上霜」，沒在辦公室內廣結善緣，恐怕連能拜託誰都不曉得！

當然，正常情況不該讓關係凌駕於辦事能力，「有關係」不見得「沒關係」，但至少在發生問題時，會有人站在自己這邊，無論是緩頰或伸出援手。然而，平時我們該幫忙他人到什麼程度？在怎樣的情況下應該跳下去處理？又如何處理？

## 熱血幫忙也有輕重緩急

| 考驗類別 | 開場故事的案例 | 因應辦法 |
| --- | --- | --- |
| 把事情轉介給其他窗口  | 團購好吃的零食  | 忙碌的時候公事為重，非關公務的活動可以推辭。把它轉介到其他窗口，就是一種委婉拒絕的方法。 |
| 無難度隨手就可以處理  | 同事表示必須用玻璃杯、馬克杯取代紙杯  | 難度很低的事情，忙碌時就不用親力親為，告訴對方東西放哪裡、流程怎麼跑就好，相信大家看到你很忙，也不會為難你。 |
| 應該立即通報他人處理的  | 預約的停車位被停走，需要移走車子  | 當事物的所有權在其他人身上時，務必要禮貌通知請對方辦理，最好不要越俎代庖，例如直接拿別人的鑰匙把車子開走。這是為了避免處理總體大事的一番努力，因為得罪個人而招到負面評價。 |

| 考驗類別 | 開場故事的案例 | 因應辦法 |
| --- | --- | --- |
| 必須親自處理的 | 向停車場警衛通報哪些車位將讓渡給賓客 | 若你是資訊的統合者，就不要將事情轉手再轉手，因為每轉手一次都需要溝通，而溝通最花時間。建議這時幫忙幫到底，即使原本的負責人回來，也要從旁提供協助，以利事情的完成。 |

## 魚幫水、水幫魚

職場上不能悶著頭只做自己的事情，當然，也不能全部為人作嫁，這些分寸的拿捏，也是職場應對進退的一環。

人常常沒意識到別人對自己的好，當你出了一份心力時，可以適時提醒對方，你幫了什麼忙，藉由魚幫水、水幫魚，成就彼此的工作，也讓對方知道：人情有借有還、再借不難！

## 1-4 合理的要求是訓練，那不合理的是……

### 有問題，怎麼反應？

「這是什麼噁心的配色啊？光看就吃不下了！」美術總監用筷子戳著午餐便當抱怨。

新進秘書愣住，雖然便當是自己訂的，但菜色是店家配的，有日式照燒雞腿、炸蝦加高麗菜絲、肉絲豆干、魚香茄子、紅燒蘿蔔、玉米蛋和咖哩炒飯，好料多到要滿出來，有必要為了色澤不美抓狂嗎？

「這家便當很好吃，總監你就包涵一下……」新進秘書陪著笑臉，心想今天也是有產學合作相關獎項的評審來公司實地審查，才統一叫了高級便當，想不到自己竟然要因此賠不是。

「那些腦殘的評審干擾我們辦公就算了，居然批評——」

美術總監開始機關槍般抱怨，問題是評審們還在公司裡啊！新進秘書真不知道該怎麼制止，這時總經理特助推門進來，低聲說：「別聊天了！有個評審要先走，你快去送客！」

新進秘書急忙提著點心盒、便當與禮品資料袋，三步併作兩步追出去，評審大概以為是獎項承辦單位的員工，竟然說：

「我有事要先走，這個評分報告沒時間寫，可以不要寫嗎？」

「啊這個……」新進秘書一時詞窮，評審就飛身閃進電梯，隨即按下關門鍵。

「老天，你沒有把便當、禮品送出去啊？！」總經理特助發現了直跳腳：「這樣很失禮，他如果給我們公司壞評價，怎麼辦？你剛才竟然還只顧著聊天！」

明明就是評審自知理虧才迅速落跑的，而且剛才不是聊天，是被當出氣筒啊！新進秘書欲哭無淚，俗話說：「合理的要求是訓練」，那不合理的，難道就該吞下去？

## 吃苦不能全當吃補！有問題必須適當反應

看完開場故事，相信每一位職場新鮮人都曾有過這種被迫「打落牙齒和血吞」的經驗。俗諺說：「吃苦當吃補」，但請不要麻木自我的良知，因為不合理的事就是不合理，應該處理，而不是悶在心中自理！

不合理事件的型態不同，處理方法可以參考以下建議：

## 有問題時，如何適當反應？

| 不合理事件型態 | 開場故事狀況 | 因應方式 |
| --- | --- | --- |
| 遭受情緒性批評 | 美術總監不滿獎項評審的作為，而批評新進秘書訂購的便當出氣。 | **運用同理心，多聽少說**<br>了解對方為什麼會說出這些話，先傾聽對方，然後提出自己的想法。如果當下完全弄不清楚對方的邏輯，就想辦法四兩撥千金轉移對方的注意力。涉及人身攻擊情節嚴重的話，可以參考下面循法律途徑。 |
| 科層體制權責從屬不明 | 特助指責新進秘書因聊天而疏忽待客。 | **把不明的事釐清！建立默契與SOP**<br>在事前先分配好工作範圍與職掌，多觀察同事需要什麼協助，有必要時進行沙盤推演，並討論問題狀況。當有了一定的默契後，就建構SOP。 |
| 耍賴、無理的要求 | 獎項評審早退，進行實地審查卻不交評分報告。 | **盡提醒義務，找更高位階者處理**<br>可以用委婉的語氣，提醒對方「應該怎麼做」，如果對方不理提醒，甚至明知故犯，就請示主管，讓更高位階者出面。 |

| 不合理事件型態 | 開場故事狀況 | 因應方式 |
|---|---|---|
| 違法事件 | 開場故事沒有出現違法事件，但如果不合理的狀況失控，很可能就變成違法事件，應提高警覺！ | **訴諸法律途徑**<br>常見的辦公室違法行為，有違背勞動基準法、性騷擾、公共安全問題、偽造文書等，遇到必須訴諸法律的重大問題，務必冷靜情緒並蒐集證據，並且查詢法律調解、訴訟的流程，做好準備再出擊，以保護自己的權益。 |

## 善用智慧，委屈不往肚裡吞！

許多心靈格言勉勵人要「忍一時風平浪靜，退一步海闊天空」，但我們不該斷章取義，以為受了不合理的對待，依舊要容忍、退讓。當我們因應對得宜，贏回應有的尊重和禮遇時，相信會比一味地忍受，學習到更多。

# 1-5 Secret與Secretary

## 聆聽、少言、多看，守口如瓶不簡單

董事長的訪談終於結束了！秘書們在送客途中，那位以犀利文筆著稱的雜誌撰述委員，刺探性地笑問：「你們老闆很難搞吧？連攝影機抓他的特寫鏡頭都被挑剔，你們每天在他旁邊工作，不都要被罵死了？」

新進秘書吞了一口口水，董事長非常介意自己好不容易建立的「仁義智者」媒體形象，一旦風聞麾下秘書私自跟媒體吐苦水拆台，怎麼可能不大發雷霆？然而現在無論回答「是」或「否」，好像都止不住撰述委員後續的問題變化球。

「每次從老闆辦公室出來，我都會看看這個——」資深秘書Joanne亮出皮夾中的全家福，裡頭除了資深秘書和伴侶，兩個古靈精怪的孩子也對著鏡頭露出頑皮的笑容，資深秘書Joanne笑著說：「你想想，就一份工作嘛！家人才是最重要的。」

「哇！小孩子長得真快！上回我看到他們時還那麼小，現在……」

話題風向球隨即由令人為難的職場從屬，轉入親子的安全範圍，新進秘書暗自喝采，默默記下這個四兩撥千金的招數。

## 多聽多看，沉住氣學習

「伴君如伴虎」，大老闆們多半「性子急、脾氣躁」，秘書與行政人員自然是每天戰戰兢兢，在老闆身邊總會難免聽到、看到許多「不為一般同事所知」的祕密，挖掘八卦是人的天性，秘書與行政人員該如何保守祕密才不會顯得不近人情？

要在辦公室內進退得宜，除了多聽多看，更要沉住氣學習！下面的Q&A教戰守則供你參考：

## 怎樣守住祕密防線？Q&A教戰守則

| 為難話題類型 | 範例 | 因應方式 |
| --- | --- | --- |
| 抱怨 | 「氣死我了！那個資深老鳥真的很過分！他都這樣欺負新人……」 | **展現同理心、多聽少說，千萬別發表人身攻擊言論**<br>「（仔細傾聽）難為你了！溝通是最辛苦的事，有沒有機會表達你的想法？（多聽少說，讓對方抒發）」 |

| 為難話題類型 | 範例 | 因應方式 |
| --- | --- | --- |
| 流言 | 「聽說老總皮夾放了那個有名的麻豆（模特兒）的照片！她是不是老總的那個（比小拇指）？老總在哪認識她的？」 | **四兩撥千金，不要承認或否認無法證實的傳聞**<br>「這年頭都用Facebook打卡，還有人洗相片放皮夾啊？這麼復古的風格，根本是浪漫小說吧？」 |
| 與商業、人事機密有關 | 「你們的新App花多少錢做？要不要這樣（打手勢比出數字）？」「這次副總的缺會是誰接啊？是最資深的 you know who，還是……」 | **技巧性降低自己的授權位階，告知對方自己不知情、決定權在高層**<br>「這種大案子，怎麼會是我這種小人物拍板價錢哩？」「大哉問，我不曉得耶！這要問大老闆葫蘆裡賣什麼藥了。」 |
| 尚在處理的行政流程 | 「協理之後就要開始休產假了！她的工作給誰代理啊？」 | **告知進度，但不告知結果**<br>「職務代理的正式簽呈還沒進來，進來後就會轉給老闆了！」 |

別當被好奇心殺死的那隻貓！以下禁忌絕對避免：

1. 晉升
2. 懲處
3. 同仁薪資、考績
4. 獎金、年終分配額度
5. 明文紀錄的個人隱私，如病例、健康檢查報告等

這些資訊攸關利益分配，以及個人隱私、尚未有定論的重大決議，向來被列為公司機密。負責公開消息的應是公司主管，秘書、行政人員不必當預報電台，以免變成被好奇心殺死的那隻貓。

## 祕密是雙面刃，別傷人害己

紅極一時的宮廷鬥爭劇《後宮甄嬛傳》中，嬪妃對皇帝進言道出六宮秘聞，有的飛上枝頭，有的卻下場悽慘，因此眾多嬪妃總是神秘莫測。女主角甄嬛幾度失勢又翻身，就是靠精準操作祕密情資鬥垮敵人，但當她地位登峰造極後，卻只能舉目無親地在宮中回憶過往。

電視強調戲劇效果，真實人生可未必受得了這種波瀾起伏。在職場上，祕密永遠是雙面刃，每個職位都有它的保密授權，不該說的千萬不要說，以免傷人又害己。

# 1-6 我的未來不是夢！

## 一步一步走出生涯展望

「我不要讓我的青春，浪費在擺平辦公室的鳥事！」對著生日蛋糕，新進秘書許下第一個生日願望。

「真可憐，你一定被工作荼毒得很慘。」擔任銀行行員的朋友摟住她的肩膀。

「就是說啊！我真覺得花那麼多精神在工作上，還不如談場戀愛實際。」在連鎖餐廳工作的好友，看著她的指甲彩繪嘟噥。

「可是我老覺得時間不夠用，都在加班，下班後就上網看新聞、找網拍，東摸摸西搞搞後就睡死了，也沒力氣去運動。」

「我也這麼覺得！好想放長假去旅行啊……」從事廣告設計的死黨睜著一對貓熊眼附和。

「說到旅行，我的第二個願望，就是撐到有特休假之後，一次請完到南歐當背包客！」

「好耶！開團、開團——」

在死黨們一片掌聲中，她將第三個願望放在心底，隨即一鼓作氣吹熄所有蠟燭，希望這個生日之後，自己的人生從此向上提升！

## 設定目標，自我檢視

為什麼要工作？首先必然是考量經濟因素，當我們許下「想變得更好」的願望時，千萬不要讓這個想法只是矇矇朧朧，應清楚地寫下願望或目標，然後進行自我檢視，知道自己現在擁有或欠缺什麼條件後，再來思考該怎麼做。

選擇成為一名秘書、助理或行政人員，可能對這項工作並不討厭、正在培養專業，或者是樂在其中，我們可以問自己三個問題：從現在的工作學到什麼？這是不是我的興趣與優勢？這符合我的生涯願景嗎？

## 定時刷一下人生存摺！

| 類型 | 願望、目標範例 | 自我檢視 |
| --- | --- | --- |
| 工作存摺 | 安排好時間完成每一件瑣事，並且得到優等考績。 | **現職學習**：每一項處理次序的安排，能85%符合辦公室環境的期待，但能在時限內處理完成的，大概只有70%。<br>**興趣／優勢**：興趣普通，能磨練耐心、細心。<br>**願景**：符合 |

| 類型 | 願望、目標範例 | 自我檢視 |
|---|---|---|
| 財務存摺 | 戒除浪費的壞習慣，存到人生的第一桶金。 | **現職學習**：必須記帳並跑核銷流程，用公司式管理來檢視自己的帳務。<br>**興趣／優勢**：很煩，但能訓練數字的敏感度。<br>**願景**：符合 |
| 人脈存摺 | 拓展生活圈，讓上司、同仁、合作夥伴至少介紹一名朋友給自己。 | **現職學習**：認識了很多人，正在觀察哪些人可以深交，哪些人不宜交淺言深。<br>**興趣／優勢**：很有興趣，是工作中開心的部分。<br>**願景**：相當符合 |
| 學習存摺 | 學會行銷企劃必須懂的統計、會計學，能看懂並分析財務報表。 | **現職學習**：每二、三天都需要核銷發票，或送請款單給會計，對於稅、二代健保與預先扣除額等財務法規也上手了。<br>**興趣／優勢**：漸漸感到興趣，也認知到有財務會計能力在職場上很吃香。<br>**願景**：符合 |
| 外語存摺 | 聯繫或接待外國客戶時，除了理解溝通，還要掌握商用外語的技巧。 | **現職學習**：隨著工作逐漸上手，日後會有更多機會負責聯繫或接待外國客戶。<br>**興趣／優勢**：有興趣，能在工作實務中應用並持續加強外語能力。<br>**願景**：符合 |

| 類型 | 願望、目標範例 | 自我檢視 |
| --- | --- | --- |
| 公益存摺 | 關注一個社會議題，並且為改變這項現況的NGO盡一份心力。 | **現職學習**：職場同事對社會、政治議題不如對八卦有興趣，遇到立場不同的人，甚至會被評為「傻傻的理想派」。<br>**興趣／優勢**：目前無法暢所欲言，連Facebook轉貼文章、下評論都要設定閱讀權限。<br>**願景**：不符合 |
| 健康存摺 | 希望能將體脂肪率控制在__%以下，並能夠完成全程馬拉松。 | **現職學習**：公司有運動社團，可以揪團和同事一起參加，而健身、運動相關話題在辦公室很受歡迎。<br>**興趣／優勢**：公司有設健身中心，通勤上下班時也可以改騎單車。<br>**願景**：符合 |
| 休閒存摺 | 當背包客前往歐洲克羅埃西亞的十六湖公園，感受自然之美。 | **現職學習**：從替老闆排定行程的訓練中，變成旅行計劃達人，訂機票、住宿、交通和查資料都難不倒自己。<br>**興趣／優勢**：總是替別人做旅行計劃有股淡淡的哀傷，可惜年資不足，沒有足夠的假期能去長途旅行。<br>**願景**：不太符合 |

刷新各種人生存摺後，就會更了解現在的自己相對於理想，是處在怎樣的立基點。如果擔心跟無頭蒼蠅一樣，不妨挑選一本生涯規劃的工具書，參考它的建議，搭配實踐步驟，讓

夢想付諸實現。

## 建構自己人生的最佳行政管理

即使未來人生難以預料，但在每一個階段，我們都要找到進步的方向，因為機會永遠是給準備好的人。藉由定期盤點人生存摺，在每年的生日、節日或其他特殊日子，持續檢視自己坐落在哪一個定點，並思考手中握有的資源，勇敢航向人生的下一站。

# 第2章

# 人脈管理術

## 管好你的人脈，機會永不斷

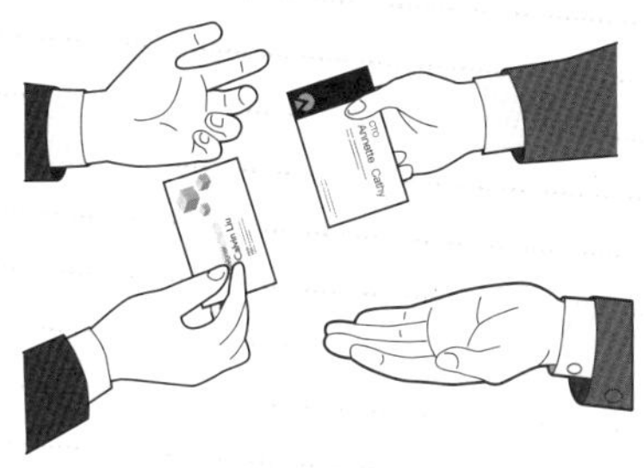

# 2-1 運用筆記建立人臉辨識系統

## 「請問您是……」問這話就太尷尬了！

某個國際級獎項即將公布得獎名單，又適逢法人說明會、新品上市的宣傳期，加上好幾個重要講座，老闆行程爆滿，資深秘書Sophia自然要跟著說破嘴、跑斷腿，新進助理只得留守辦公室。

「把老闆認識與不認識的人臉都記下來，還知道他們的名字頭銜，就換你陪老闆上刀山下油鍋啦。」

「不認識的也要記？怎麼記啊？」

「背名冊，然後猜猜看誰會意外出現，誰根本不會出現。」Sophia丟下話，抄起公事包就衝出去，留下滿腹疑竇的新進助理。

新進助理點開法說會與會者名冊，一大堆投顧公司經理職員、媒體記者的名字頭銜洋洋灑灑，還有活動現場側拍快照，好幾個人長得沒兩樣，這要怎麼把臉和名字對起來？！

## 鍛鍊好人脈的基本功

身為主管的秘書或行政助理，有機會跟隨出席商務社交場合，加上往往負責主管對外聯繫的窗口，對於上司的人脈要有一定程度的掌握，以利工作的進行，並為主管與所屬企業建立良好形象。除了上司的人脈，秘書也會接觸到其他公司的秘書或行政人員以及各行各業的專業人士，如能廣結善緣，建立自己的人脈，也能在有需要時獲得神助。

不過，人脈是需要一點一滴累積的，不管是剛入行的新手，還是上司擴增人脈的速度超過你的記憶力，在商務社交場合中，一定要練好人脈基本功——記住對方的姓名、頭銜與臉孔，絕對不可發生張冠李戴的錯誤。

## 建立你的「人臉辨識系統」

影劇、小說、動漫人物的名字總能讓人印象深刻，連招式套路都容易琅琅上口，例如金庸《天龍八部》中，重要的角色有「北喬峰、南慕容」，慕容家的當家慕容復志在復興燕國，因此單名「復」，家傳絕學是以彼之道、還施彼身的「斗轉星移」……。一旦掌握故事的人物設定，很容易隨著情節發展一直讀下去，並能倒背如流。

因此，不妨運用這個技巧，來為現實人物的姓名、頭銜、特徵編出故事或口訣。在初識對方拿到名片之後，透過觀察力與聯想力，加上有系統地整理，你可以建立一套自己的「人臉辨識系統」，從此再也不會尷尬地問對方：「請問您是⋯⋯」

**用心看**

現實社會中許多公眾人物常被媒體賦予特定形象，例如形容一位專業人士有名模架式，會以「某某界林志玲」做比喻，台灣的股市名人則號稱「台版巴菲特」。當然，一般人未必有這樣的評價，但他們待人接物、說話論述的模式，很可能有耐人尋味的特點，可以成為搜索記憶的關鍵。先用心「觀察」，找出你眼中對方的特殊之處，包括外型、專業、興趣、特長、喜好等，在自己的「人臉辨識系統」中快速建立新資料。

**口訣心法**

就像武俠小說的人物都有江湖外號，精確反映出人物的特色，例如「鐵劃銀鉤」說明用的兵器是判官筆；「低首神龍」則描述身段柔軟善於低頭，手段卻凌厲狠辣。在工作上，若能將你的觀察結果，加上個人的聯想力，套用口訣心法，把人名與形象連結，便能在腦海留下深刻印象。

**編織人脈網**

當我們認識一個人，可以推敲一下他的人脈網絡，他和什麼人走在一起？他的家族、事業體有哪些核心成員⋯⋯？現在有網路大神的協助，加上許多報章雜誌也為你整理好了產業相

## 建立人臉辨識系統

用心看

找出對方特殊之處

口訣心法

編織人脈網

記下相關訊息，點線面延伸

關資訊，完成這項功課不是難事。

把「用心看」、「口訣心法」、「編織人脈網」，詳細記錄下來，必要時隨時更新，讓你對一個人的認識除了薄薄一張名片之外，還能夠從點，延長到線，再擴充到面，並且與時俱進。

## 下苦功，就是超越

電影《穿著Prada的惡魔》中有精彩的一幕，主角臨危授命要一個晚上記下老闆時尚party的所有賓客，結果她在關鍵時刻提供了魔鬼老闆重要資訊，立下功勞。其實這份苦差事的目的是要讓賓客相信，東道主認識所有人。老闆們通常「只記得大事」，秘書或助理若能整理出一目瞭然的名片通訊錄（參見2-2），並下點工夫，建立自己的人臉辨識系統，協助主管一臂之力，相信這就是讓你在工作上卓越超群的第一步。

# 2-2 一目瞭然的名片通訊錄

## 分兩類，讓e化通訊錄與實體名片相輔相成

「戴董，久仰大名，真高興這個機會遇到——」

「我才是久仰大名！您氣色真好，看來新產品一定是大賣……」

「我是戴董秘書Cindy，您好。」

新進助理忙不迭地接過名片、遞出名片，一邊搜索枯腸，想出最適合的應酬語：「Cindy您好，我是……」

經常一趟餐敘、工商交流的場合中，就有十來張名片如雪片般飛來，除了努力在腦海中輸入新面孔、對方姓名頭銜，記下觀察到的特點，一回到辦公室還要立刻不厭其煩地整理名片、更新通訊錄。有時候老闆外出回來，就是用一疊名片當伴手禮，加上一句：「歸檔！」

電子資料key-in完畢，看到性質各異的名片混在一起，新進助理嘆了口氣，傷腦筋的時刻又來了……

## 統一電子表單，實體名片冊只分兩類

交換名片，是商務人士彼此認識的開始；把名片整理好，意味著保管好每條人際關係的渠道。現在有許多彙整軟體，如整理名片的app及程式，光用拍照就能輕鬆建立電子通訊錄。

### 使用app拍照歸檔

先用智慧型手機下載整理名片的app，有了好用的軟體，只要拍下名片，完整資料立刻能進入手機通訊錄中。接下來可以將通訊錄上傳至電腦，透過匯出的動作，就能轉為gmail、outlook 通訊錄或是 excel 檔。唯一需要注意的是，電腦將影像轉換成文字的能力依舊不及人腦，藝術字體、特殊字體可能會辨識錯誤，一定要檢查更正。（名片app 延伸應用，參見8-3）

此外，結合上一章提到「人臉辨識系統」的建立，你也可以將關於對方特徵的筆記，例如觀察到的個人特色、想出來的形象口訣、推敲到的人脈網絡、上次會面洽談的重點等，記載於名片app的「備註」，或是outlook通訊錄聯絡人的「記事」欄位中，並予以檔案化。日後一開啟檔案，便能喚醒記憶。

### 利用excel整理出索引清單

使用 excel 的好處，就是可以透過「資料篩選」這個選項，針對表頭欄位進行排序，不需要手動作業。

## 整理名片的方法與步驟

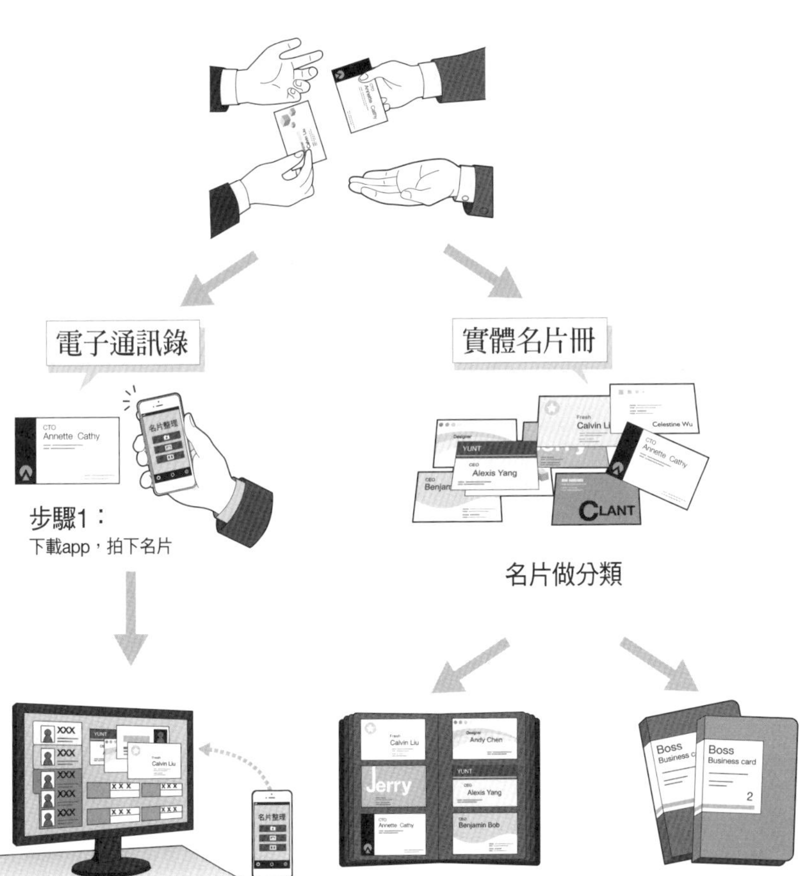
電子通訊錄
實體名片冊
CTO
Annette Cathy
名片整理
步驟1：
下載app，拍下名片
Celestine Wu
Fresh
Calvin Liu
Designer
YUNT
CEO
Alexis Yang
Benjamin
CLANT
名片做分類
XXX
Calvin Liu
名片整理
Andy Chen
Jerry
Benjamin Bob
Boss
Business card
2
自己的名片冊
老闆的名片冊
步驟2：
資料傳至電腦，整理通訊錄
索引清單

電子檔清單的類別，可粗略分為「媒體」和「業務夥伴」兩種，即使所有資料都可以利用excel程式排列，在此仍建議以服務單位作第一項排序，第二項排序才以部門或職務作區分，在相同部門下，再進行職級的比較。不管是欄位的設定或排序，都可以考量實務上的需求來做最有效率的安排。例如，逢年過節老闆想送禮給重要客戶，需要擬定一份名單時，就可以根據從app匯出並整理過的檔案，來確認送禮名單的範圍。

### 實體名片冊只分兩本：自己的、老闆的

秘書桌上除了有自己的名片盒，也要有主管的名片盒，因此收到名片時，也要把實體名片冊分成兩本：自己的、老闆的。

在自己的那本上，可以根據你做的筆記，進行整理或分類，或用自己的邏輯將資訊串聯起來，以幫助記憶。

## 用名片呼喚及時雨

整理名片的枯燥又繁瑣，不免有人會嘀咕：「收了一堆名片，但我又不可能直接連絡大老闆，還不是要過秘書那關！整理通訊錄根本是為上司作嫁啊。」其實，名片是一條人脈資源的重要線索，不管交換名片的當下身處哪個位階，只要懂得用心耕耘，有朝一日它也能夠喚出你的「人脈及時雨」。

# 2-3 人脈套餐幾分熟？

## 調配出事業、人情的黃金比例

業務部的新人經常跟著前輩在外面東奔西跑，他覺得外出時有必要使用電腦，因此他把自己的筆電帶去IT部門，請軟體工程師替他灌公司的軟體。

沒料到，工程師一副公事公辦的口吻：「你這台是私人電腦，我不能幫你灌公司的軟體。」

「這台筆電是為了不在辦公室時還能辦公事，而且上回資深秘書Sophia找你，你不是二話不說就幫他？」

「好吧，不過這樣要登錄編號，並加裝公司的掃毒程式，你不能下載任何盜版喔。」

「當然當然！多久能夠裝好？」

「三天，我最近工作滿檔。」

「什麼！還要等喔？上次Sophia一個小時就——」

「先來後到啊，每個人都很急，又不只你一個人在急！」

這個八卦傳遍公司，Sophia不喜歡被牽連，但新進助理忍不住好奇想知道，為什麼資深秘書能享有VIP級的待遇？只見Sophia雲淡風輕地說：「我在公司這麼多年，好歹把人脈套餐熬到全熟了。」

## 耕耘人脈≠攀親帶故

武俠小說的角色出場時，必須「報上名來」，這就像社會人士在各種場合中自我介紹、交換名片一樣，代表正式認識了對方，表明自己是什麼人後，雙方都會在心中評估這條不到三分熟的關係，將會有怎樣的發展。

上述故事反映的是公司內部的人際關係，若延伸到外面，又何嘗不是如此呢？職場上萍水相逢的人，沒道理要像幾十年老友一樣肝膽相照，就因為有親疏遠近，才講究人情世故。循序漸進地耕耘人脈和吃人豆腐式的攀親帶故絕對不同，下面六個步驟的基本功，讓擔任行政、秘書職的新鮮人能夠立刻上手。

### 第一步：多聯繫

許多人在交換名片後便銷聲匿跡，不聞不問，別這樣，回想你們見面交換名片時，有聊過什麼？對方現在專注哪些業務？有什麼興趣？煩惱什麼事情？從這些問號為出發點，進一步讓對方知道你可以為他做什麼、牽引哪些資源，在自然而然的情況下，十之八九可以順利接軌。

如果對方不回應呢？也別介意，把他的名片收進名片冊，

人脈耕耘六步驟
出席紅白帖場合
多聯繫
月餅
三節四「ㄕㄥ」
正式禮品
見面聊天
一起用餐
GOLDIVA
實體的小恩小惠

往後有事再說。

**第二步：見面聊天**

現代人聯繫多半仰賴電話與網路，而俗話說見面三分情，想要拉近關係、促成交易，見面聊天是重要里程碑。當然繁忙的工商社會中，往往無事不登三寶殿，若在天時地利人和的場合中，能夠輕鬆自在地談話，多認識對方一點，也讓對方看到自己真誠的一面，有時也是建立人脈「破冰」的好機會。

**第三步：實體的小恩小惠**

在不要太刻意的情況下，帶一份精緻但單價未必要很高的伴手禮，例如是你透過觀察得知對方的喜好，或是用毫無壓力的方式向對方表達：這是大家都覺得好吃、好喝、好玩、好用的好東西，你想跟他分享。這樣的分享是進可攻退可守的。

**第四步：一起用餐**

把握自然的機緣，同坐一張餐桌、吃一餐飯的時間，可以讓雙方聊得更深入，不侷限於公司業務的話題，用美食佳餚或個人興趣來拉近彼此的距離。

**第五步：三節四「ㄕㄥ」正式禮品**

華人的三節是中秋、端午、舊曆年，四「ㄕㄥ」則是升遷獲獎、生日、生產乃至於生病，這時送上正式、較高價的應景禮品，表示恭賀與慰問之意，相信對方會記得你的周到與禮數，也會等價回饋你。

### 第六步：出席紅白帖場合

紅白帖所費不貲，同時也講究有來有往，這樣的場合可以讓你認識對方的親朋好友，使你的人脈地圖更開枝散葉。

## 循序漸進，打造穩健關係

回顧開場故事，工程師有責任優化同仁的電腦環境，但素昧平生的業務新人要求「全熟」的待遇，就顯得強人所難。

想要循序漸進，打造穩健人際關係，還可以透過「職場愛心存摺」的累積，至於要如何做，後面的章節將有詳細說明。

# 2-4 喚出你的人脈及時雨

## 廣結善緣，貴人就在你身邊

「Sophia，明天那一組日本客戶是佛教徒，他們喜歡宗教文物，你看看在他們的行程中何時有空檔，為他們安排一場宗教文物參觀活動。我會陪同。」

宗教文物？一旁的小助理想著：上哪去參觀宗教文物？難不成帶去佛教用品店血拼？不知資深秘書Sophia打算怎麼接招，只見Sophia氣定神閒地說：「老闆，永和有一座世界宗教博物館，展示著世界上十一種宗教的各式文物，您覺得安排一個下午的參觀好嗎？」

老闆讚許地點頭：「就選這個地方。請你安排吧！」

小助理看著資深秘書，佩服得五體投地，不知工作忙碌的她哪裡生出這樣的通天本領，幾乎上知天文下知地理啦！

## 廣結善緣，截長補短

事實上資深秘書並非擁有什麼通天本領，而是喜歡廣結善緣，透過工作有機會認識各行各業的人士，有些甚至成為朋友。此外，她也加入與工作性質有關的組織，與不同領域的秘書、行政工作人員相識。透過課程學習與活動，增進專業技能、交流工作經驗，還建立出一張綿密的資訊網，從工作、吃喝玩樂到藝文活動，幾乎無所不包，讓她能在老闆提出任務要求時，迅速解決問題。記得有一次老闆到國外出差，臨行前才更改行程，因遇上旺季一直訂不到飯店，透過了平日結下善緣的同行熱心伸出援手，才在最後的緊要關頭完成任務。

至於要如何做才能廣結善緣，並在自己需要的時候，喚出你的「人脈及時雨」呢？

## 真誠對待，尊重每一個人

首先，真誠對待每位你所接觸到的人，不論領域與位階，並自其中找出與你氣味相投、有不同專長的對象，發自真心地往來互動，不要存有利用之心。尊重彼此的想法、做法與專業，並維持連繫，建立真誠的人脈關係。

## 提高自己的「能見度」

不只有老闆級的大人物需要提高能見度，你可以多留意有秘書或行政人員出席的場合，包括正式或非正式的。譬如Sophia參與專業的協會組織，除了上課進修，也與結識的行政人員好友們定期聚會。

此外，當有機會出席特定的大型活動時，事前你可以先了解同行有誰將出席，在會場保持互動，或是藉此建立新的人脈關係；會後不妨透過分享心得的方式，主動且自然地與對方聯繫。這些都是提高自己能見度的方式。

**互通有無，有福同享**

人脈也是一張資源豐沛的資訊網，從中你能學到很多東西，也有機會分享所長，不要擔心別人會搶走你的專業或人脈。一旦敞開心胸，便能贏得彼此信賴的情誼。例如在Sophia與秘書好友的聚會中，大家常交流各種專業知識與生活常識，有時也會分享好書訊息，或在團購時為彼此多買幾份。其中有一位任職於某博物館，每當收到友館贈送的展覽公關票時，便會邀集好友一同看展，讓Sophia接觸到豐富的藝文知識。同樣的，Sophia平日也非常樂於在他人有需要的時候，成為對方的「訊息救援中心」，互相幫忙處理工作上的「疑難雜症」。

## 貴人其實不遠，就在身邊

許多人常感嘆生命中缺乏貴人，事實上可能是沒有慧眼，認不出貴人；有些人總以高傲的眼光蔑視他人，即使貴人近在咫尺，也會錯失結識的機會。仔細張開你的心眼，會發現有些看似無足輕重的小事，有可能在某個關鍵時刻發揮極大作用。貴人其實不遠，就在你身邊！

## 如何擁有「人脈及時雨」？

# 2-5 成為職場中的食尚玩家

## 滿足味蕾，打開友誼的大門

「董事長來電，表示要跟新事業部門的夥伴聊聊，希望選個安靜、氣氛好的地點，請大家吃一頓飯，價格不用太拘束。」即將成立新事業部門的主管興奮地對大家宣布，至於要吃什麼好料，川菜、粵菜、湘菜、台菜、日式、義式或法國料理，大家七嘴八舌地討論起來。

除了要滿足饕客的味蕾，場地最好離公司不遠、要能容納約20人、獨立包廂、有投影設備……，小助理勤快地記下餐廳需求。

一名剛畢業、進公司不久的新鮮人脫口而出：「這簡單啊！訂KTV大包廂、叫pizza進來吃就好了啊。」

此言一出，有人憋笑、有人嘟嘴，資深秘書Sophia環視全場，尷尬地清一清喉嚨說：「呃，同學，我們是要跟老董晚餐會報，不是開同學會啊。」

## 建立個人「食」在方便記事本

美食是一把金鑰匙，能夠打開人的心扉。安排飯局、挑選餐廳、協助訂位，經常是秘書或行政人員的工作任務。在談吃什麼能顧得裡子、贏得面子之前，首先要弄清楚用餐的目的，究竟是尾牙春酒、部門聯歡、客戶應酬還是友誼交流？確認目的後，再依照預算選擇適合的餐廳。

許多上班族在美而美、自助餐、便利商店解決一日三餐，養家活口已經讓人捉襟見肘，哪有這麼多銀彈去高級餐廳一一歷練？

事實上，就算沒有親自走訪，根據平時看過報紙雜誌的生活消費專欄、美食達人或部落格文章，就可以把美食資訊蒐集起來，拓展自己的美食地圖。你也可以藉由追蹤親朋好友的Facebook照片分享，或者這樣跟同事攀談：「那家報紙上提過的餐廳，你有沒有吃過？你覺得如何？」「那家老屋改建的咖啡館，老闆會做貓咪造型的咖啡拉花……」相信美食資訊就會源源不絕來到你面前。

面對排山倒海的口碑美食或是地雷店家，可以建立一個e化、好索引的美食筆記，方便日後查詢使用。

## 拓展美食地圖，展開社交人脈

從公司附近開始，留意有哪些吃喝玩樂的地點，這些店家的菜色、價位、氣氛、評價，以及場地有哪些限制等，把相關資訊一一記錄在你的「食」在方便筆記本中，拓展美食地圖，讓你社交、辦公都能如魚得水。不僅平日能滿足眾人的味蕾，打開友誼的大門，重要時刻還能幫老闆、主管、同事安排適當的商業用餐場合，促成工作目標，相信大家一定會對你的「食」在方便筆記用力按讚的啦！

## e化、好索引的美食筆記

| 型態 | 菜式 | 餐廳名 | 電話 | 地址 | 備註 |
|---|---|---|---|---|---|
| 飯店 | 滬菜<br>桌菜<br>套餐 | 喜來登<br>請客樓 | 02-2321-1818 | 台北市中正區忠孝東路一段12號12樓 | 葷素皆有，10人包廂低消15,000起 |
| 飯店 | 日本料理 | 神旺大飯店<br>澄江創意懷石料理 | 02-2781-6909 | 台北市大安區忠孝東路四段172號4樓 | 午餐：11:30-14:30<br>包廂中午1380／人<br>晚餐：1580／人 |
| 飯店 | 西式料理<br>歐式<br>小酒館 | 亞都麗緻<br>巴賽麗廳 | 02-2597-1234 | 台北市中山區民權東路二段41號 | 午餐：12:00-14:00<br>平均消費600-1,000／人 |
| 飯店 | 歐式<br>自助餐 | 福華飯店<br>羅浮宮 | 02-2326-7415 | 臺北市仁愛路三段160號 | 午餐（周末與假日）：880（890）<br>晚餐（周末與假日）：930（990） |
| 餐廳 | 台菜 | 欣葉餐廳 | 02-2752-9299 | 台北市忠孝東路四段112號2樓 | 午餐：11:00-15:00<br>平均消費400-800／人<br>靠近捷運忠孝復興站 |

# 2-6 時時累積職場愛心存摺

## 營造溫馨的工作環境

「這個月我買到上回大家說好喝的咖啡！還有牛奶，都放到茶水間的冰箱了，手腳快的去泡拿鐵吧。」資深秘書 Sophia 路過IT部門，轉個彎走進座位隔間，對大家宣布這個消息。

「太棒了，每天辛苦工作就像在等這一杯啊！」

「我還以為你只等著下班跟女朋友約會呢！」Sophia笑著說：「這個月底的家庭日記得帶她來玩啊！公司包下整個遊樂園，抽獎的獎品連普獎都很讚喔。」

「喔哦，有這麼好啊！」

「欸，我發了e-mail大家都沒看？我還當運動會的主持人哩！」

「我們是期待主持人親自來宣讀啊——希望那天別下雨，下雨就只能宅在家，要不然就是去百貨公司陪逛，那太『殘念』了。」

「那工程師節的禮物就改送電影票好了，下雨天也有地方去。」

「求求您幫我們爭取，即將要上映的那部動作大片我好想看——」

「我也想！」

「Me too！」

## 把公司打造像「家」的感覺

「當秘書就跟當媽媽一樣。」這是許多資深秘書的經驗談。母親的形象就像冬日的太陽，面面俱到關懷每一件事，溫暖家中每一個角落，當你成為一個部門甚至一間公司的「媽」，照顧的範圍就擴及全辦公室上上下下，想經營出像「家」的工作環境，就從了解同仁喜好，複製家庭式的溫馨活動開始！

### 辦公室布置

舊曆年、端午節、中秋節三節，西洋的萬聖節、聖誕節，都是很好發揮的布置題材。此外活動後的照片分享，以及在茶水間擺放應景點心，應能獲得同事不錯的回響。

### 節日活動

例如婦幼節送貼心禮物與小卡、母親節送康乃馨與卡片、工程師節送感謝函與禮券、情人節送餐券電影票，甚至是舉辦巧克力傳情等活動，讓忙碌的同仁感受到溫暖的氛圍。

### 當部門活動主辦人

從團購主揪、訂便當開始，到冬至時替同仁訂湯圓下午茶，甚至當公司運動會啦啦隊長、尾牙表演小組的主辦人，替大家統籌規劃、處理疑難雜症，人人都會看到你的熱情付出。

### 旅遊休閒活動

協助公司或部門年度旅遊、一或二日小旅行、聯歡party，並將活動照片洗出來，或舉辦旅遊攝影展，同時準備貼心小禮與感謝卡，為聯歡活動劃下完美句點。

### 訊息提醒，好康分享

除了公司規定、政策的提醒，吃喝玩樂的優惠、保健資訊也都是人人關心的，俗語說「呷好道相報」，獨樂樂不如眾樂樂，如果讓大家收到你的訊息時都充滿感謝與期待，就代表你成功了。

### 四「ㄕㄥ」貼心舉動不錯過

同仁升遷獲獎、生日、生產乃至於生病，這四「ㄕㄥ」都需要眾人的關懷與問候，適當地傳布訊息、準備好小卡片與禮品，將感動傳遞給當事人。即使有些公司沒有預算準備個人禮品，視情況可找平素與當事人交情不錯的同仁或部門主管，揪團吃一頓飯也能表達慶賀與慰問。

## 累積職場「愛心存摺」

四「ㄕㄥ」貼心舉動不錯過

辦公室布置

訊息提醒，好康分享

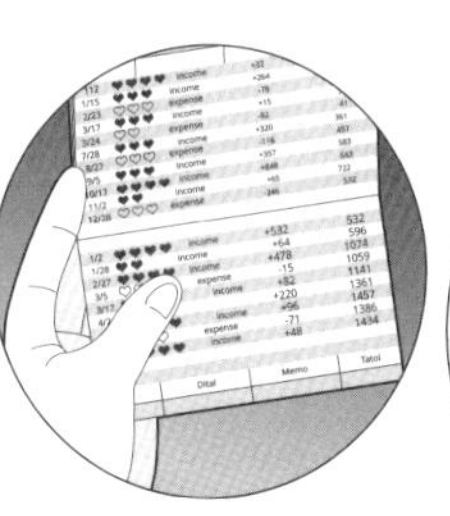

旅遊休閒活動

當部門活動主辦人

節日活動

Dear Friend:
Happy Bitrthday!

## 熱心，營造公司「心熱園」

離開校園，社會新鮮人必然會面對職場赤裸裸、血淋淋的競爭與傾軋，「我又不是來公司交朋友的，做好分內的事情，老闆就該認同我了。」心態上難免調適不過來，會懷疑自己為什麼要熱臉去貼冷屁股。

這時身為秘書、行政人員的你，可以換一種思考方式，如果冷漠是常態，那就用熱心去為職場互動加溫，磨練自己經營人際關係的能力，時時累積「愛心存摺」，成為公司「心熱園」的核心。

# 2-7 全方位打開你的人脈雷達

## 提升主管與企業形象，打造個人品牌

周末老闆與夫人將出席一位重要客戶的結婚喜宴，資深秘書Sophia已回覆對方出席以及參與的細節。

週五下班前，細心的她提醒老闆，喜宴同桌有位認識的某企業總裁的二公子，他剛升格為爸爸，上星期已為老闆送出賀禮。此外，某集團董事長也將出席，他因喜愛文物而設立了博物館，兩年前才在上海成立分館，若有機會老闆可以和他聊聊上海分館成立的盛況……。

其實，在老闆接獲婚宴請帖之後，Sophia便與邀請者的秘書做過聯繫，也獲知此次出席同桌賓客的名單。她發現有幾位是老闆不認識的，於是做了些功課，得知他們的最新動態，並將相關訊息提供給老闆參考，讓老闆與夫人能在席間與其他賓客自然互動。

### 人脈雷達隨時掃描

事實上，要成為不漏接訊息的人脈雷達，除了整理名片、記下名片主人的特徵、喜好、長相等基本功，還有幾個細節值得注意，它能讓你的功力大幅升級。

### 廣泛閱讀，延伸觸角

以Sophia來說，早在從事秘書工作之初，她便養成閱讀產業新聞及商業雜誌的習慣，並經常剪報，掌握時勢。她認為即使是行政工作者，也應對業界的動態有基本概念。而每次名片整理完畢，Sophia也會透過網路蒐尋相關資料，關注對方的產品與市場訊息，以提高自己的敏銳度。

若是得知某位客戶高升、組織職務變動或是轉換跑道的訊息，她也會加以查證並更新聯絡人的基本資料，才不會發生日後與對方接觸卻還稱呼舊職銜的尷尬情況。

### 隨手做功課，人脈全都錄

除了閱讀報章雜誌做剪報、搜尋網路訊息，Sophia還有勤作筆記的習慣。平常若聽到同行提起某位上司或老闆的喜好時，她總不忘隨手記錄下來。在計程車上聽見一則與某企業家有關的新聞或專訪時，她也會做記錄，並不侷限於自己所熟悉的產業領域。

### 凡走過，必留下痕跡

Sophia曾經為老闆與他的幾位企業界好友安排過非商業的

人脈雷達全方位掃描
廣泛閱讀，延伸觸角
FORTUNE
ASIA'S 25 HOTTEST PEOPLE IN BUSINESS
Time
THW TOP BEST COMPANIES TO WORK FOR
Anna Bruce
Robert Wu
隨手做功課，
人脈全都錄
Old Business card
NEW Business card
2
Calvin Liu
Andy Chen
Jerry
Alexis Yang
Annette Cathy
Celestine Wu
CLANT
Beer
Beer
凡走過，
必留下痕跡

主題旅遊，她會蒐羅並仔細研究各種具有特色的旅遊行程，例如以慕尼黑啤酒節、非洲肯亞的動物大遷徙，或是南法的亞維儂藝術節等為主題的深度旅遊，供老闆參考選擇，每每帶給老闆極大的驚喜。不僅如此，她還與這些旅遊機構建立了友好關係，將他們收納進自己巨大的人脈網中。

## 旁徵博引，海納百川

就因為Sophia對於人脈的敏銳度以及廣伸訊息觸角的習慣，她曾經在一場餐會上，認出同桌一位賓客是知名的文物鑑賞家，並對老闆提起這位鑑賞家的專長。果然，此舉不僅引出了老闆與鑑賞家關於古物收藏話題，同桌企業人士也稱讚老闆深具文化內涵，紛紛加入談話，分享彼此的經驗與看法。席間，老闆讚許地對著她點點頭，看得出來，老闆為她感到很驕傲，而Sophia自己又何嘗不是呢？

用心、主動學習，不斷提升行政工作的專業能力；真誠地與人互動交流，樂於分享，為自己樹立好口碑，不管在公司內部或外部的人脈關係上，你也能累積出豐厚的資源。

第3章

# 檔案與辦公桌管理術

## 創造效率百分百的工作環境

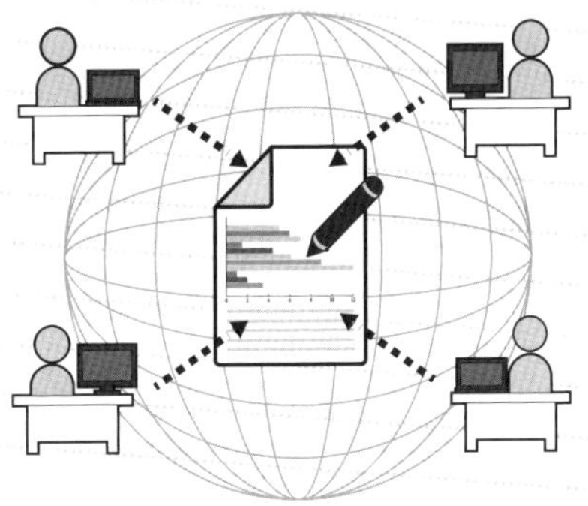

# 3-1 別當亂室英雄或亂室佳人

## 座位整齊清新，自動宣示你的專業

昨天晚上，老鳥同事收拾完公事包，丟下一句話：「明天開始我請假出國，一切就麻煩你了。」

身為職務代理人的新進秘書唯有把皮繃緊。一大早上班，電話就叮鈴鈴響個不停，十五分鐘後將召開主管會議，新進秘書要幫各經理們整理好五、六份投影片與電子檔，還要將中區開發案的新聞剪報、自辦購案簽呈、本期公關禮品打樣、廠商報價單……一籮筐東西，交給老闆過目。

這些資料全都淹沒在老鳥同事的座位裡。新進秘書眼前是一堆又一堆的雜物山，上個月泛黃的報紙、還沒有拆封的財經週刊全堆在地上，一般件、急件與機密公文混雜在一起，各種禮品打樣和幾年前製作的公司吉祥物布偶，以及便利店公仔全塞在快爆開的大紙箱中，新進秘書使出吃奶的力氣，把廠商收據從單據山中抽出來，一不小心，桌上的水杯茶杯咖啡杯保溫杯手搖杯就在眼前上演骨牌效應，「完蛋啦！老董的簽呈正本沾到拿鐵了啊！！」

## 桌面有條不紊

辦公室總不乏「亂室英雄」、「亂室佳人」，座位簡直髒亂到令人髮指，但要成為一位稱職的秘書、助理或行政人員，桌面一定要收乾淨，展現出有條不紊的專業，方便自己也方便他人。

## 四個雜誌盒，變身全能收納王

即使各式各樣的文件資料多如排山倒海，行政人員需要立即反應的不外乎幾種類型，大致上，桌面只要放四個收納「型錄」、「通訊錄」、「文宣品」以及「其他類文件」的雜誌盒，就可以因應需求將紙本資料明確地分門別類。

### 1. 型錄類雜誌盒

這個雜誌盒收納食、衣、住、行、育、樂的各種型錄、價目表及特惠方案。

舉凡會議要訂茶點便當、下午茶想喝手搖杯或吃點心、長官同仁出差要租車訂房、公司教育訓練要請講師、招待客戶貴賓要預約餐廳與高爾夫球場……行政人員的基本功，就是把它們通通整理齊全，依照時間順序排列，並且切記要定期更新，讓同仁長官要訂東西時就想起你最貼心。

**2. 通訊錄類雜誌盒**

收納公司內部以及協力廠商的通訊錄、組織架構表等。除了關鍵時刻要找到業務負責人，行政人員可以更熟悉公司及協力廠商的業務架構，在接電話與接待訪客時，做得比別人更好。

**3.文宣品類雜誌盒**

當客戶、公司高層或重要貴賓來訪，接待不再只是端茶送水，這時從這個雜誌盒中，拿出公司刊物、中英文年報、主管受訪報導等文宣品，親切地招呼：「這是我們公司簡介，請您參考。」「我們老闆前陣子受訪，您可以看看這篇報導！」不必再為聊天話題搜索枯腸，也不會與拜訪者大眼瞪小眼。

**4.其他類雜誌盒**

無論再怎麼完備的分類，也總有例外。其他類雜誌盒就是用來收納這些緊急、暫時無法歸類的例外，等到工作的尖峰時刻過後，再來思考它們要何去何從。

## 整齊的座位代表專業

羅馬不是一天造成，習慣不是一天養成，每天下班前十分鐘，把文件分門別類歸檔好，並瀏覽一下其他類雜誌盒，再嘗試歸檔。久而久之，整齊的座位就會自動宣示你的專業紀錄。

# 有條不紊的桌面整理

**從「亂世佳人」變「清秀佳人」！**

超整齊的行政人員座位，展現專業與紀律。

# 3-2 讓每個實體檔案都有家可歸

## 超實用的資料夾分類術

上回在老鳥同事垃圾山的座位中找東西，不小心打翻沒清理的杯子，讓董事長的簽呈正本沾到咖啡漬，新進秘書的笑話就傳遍整個辦公室，「小心點，以後別惹這種麻煩。」收假返國的老鳥同事很不高興，新進秘書也不甘心地想咬手帕，就算是自己手拙闖禍，但把座位搞得亂七八糟的人，難道就沒有半點責任嗎？

有鑑於這次教訓，新進秘書發誓要展現菜鳥的志氣，不只是當個座位乾淨整齊的「清秀佳人」，還要建構一目瞭然的歸檔秩序，讓每一個光臨自己座位的人都方便辦事。

在檔案隨著時間越積越多，主管同仁三不五時跑來要資料的情況下，儘管員工座位大小差不多，格局都是一張桌面、桌面上三層架、左手下方抽屜、後方兩個公文櫃，秘書還多一個雜物櫃，要怎麼有系統地歸檔，並維持整潔呢？

### 讓知識管理的好習慣從內而外

桌面整齊有秩序，不僅做起事來得心應手，其實檯面上看到的光景，就是檯面下習慣的延伸，如果桌面像大地震後的廢墟，辦公室檔案收納的狀況也可想而知。

然而東西這麼多，日積月累，怎麼判定什麼要留？什麼要丟？基本上，重複的文件、無意義的廣告文宣、容易再次取得的影印稿，直接捨棄無妨。至於留下來的東西怎麼收到桌面之外的地方，以下規劃建議供你參考：

**1. 左手邊抽屜**：名片盒如果不放桌面，可以放在上層抽屜，一盒是主管的，一盒是自己的；下方較大的抽屜可放置編號0到31號的吊夾，當作日後需要使用的文件或單據的暫存區，例如：下周三（6/18日）主管開會需要使用的紙本文件，就可以先放在（使用日的前一天）17日那一格；或是今天（6/12日）收到繳款期限是6/25日的信用卡帳單，就可以放在24日那一格；如果有同仁來借檔案，也不需要使用登記本，直接拿一張A4單面空白回收紙寫上相關資料（日期、借閱人/電話、借閱檔案、擬歸還日期……），直接將此借條放入預定歸還日期的前一天，這樣就不用擔心被借走的檔案下落不明了。0號格則用來存放跨月份需要使用的文件。如果還有空間，亦可將主管的個人資料影本（身分證、護照、信用卡、戶籍謄本……）放於透明資料簿，收納於此抽屜。

2. **三層架**：可以當作自己在公司內部的郵件信箱，一層放公文封、一層放傳遞袋，最後一層可以放尚未使用的公文封與傳遞袋，這類文具同仁很可能使用後隨手亂丟，或是積存在自己的座位上，秘書要定期回收整理，甚至作為統一領用的窗口，不然無論準備多少都會不敷使用。

三層架亦做為桌面的分類，規劃成：「待送出」、「待處理」、「待歸檔」等三層，讓各種文件在處理過程中都被安置在對的地方，也讓自己能夠專注於眼前正在處理的事務。

3. **身後公文櫃一**：上層收放各單位發文的三孔夾，下層放主管的簡報資料吊夾。在這邊，原稿要按發文對象，設定專用三孔夾來存放；影印稿未必要存檔，但簽呈、合約都要設定專用檔案夾。

4. **身後公文櫃二**：上層放業務、專案用參考書，下層收納進行中的專案吊夾。

5. **雜物櫃**：收納股東大會紀念品、公司禮品、備用文具等待領用之物品。

6. **桌下用A4空紙箱設置廢棄文件暫存箱**：要捨棄的文件不要立刻丟，先放到暫存箱中以備不時之需，直到時效性過了或

## 知識管理由內而外

百分百確定不需要了，再進行丟棄；許多企業也會設定文件銷毀時間，屆時再一併出清。

## 當個知識秘書，規劃自己的辦公室

從檔案管理的層面來看，有「資訊秘書」與「知識秘書」的差別，前者是單純的文件管理員，後者是檔案系統的設計者。

知識秘書懂得看全局，了解整個工作流程，同時把自己定位成知識管理的出發點，在這個自我定位下，自己規劃自己的辦公室，往後無論工作往上發展或是向下延伸，相信都難不倒你。

# 3-3 歸檔文具大點兵

## 辦公室文具各式各樣，你都用對了嗎？

「氣死我了，當他的部門助理算我衰小！」同期報到的新進助理，傳Line約新進秘書一起吃午餐，果不其然他有一整缸苦水不吐不快：「今天日本品牌廠來聽規格簡報，我一大早就在裝訂會議投影片，處長經過我旁邊就抱怨，對方是重要客戶耶，怎麼可以用釘書機？這麼沒質感！要我馬上重弄……」

新進助理領命將訂書針拆掉，把投影片影本放進L夾中，整齊放在桌上，想不到部長勃然大怒：「L夾是要怎麼翻頁？連這個都不懂嗎？」

這時日商代表已經抵達公司大廳，部長緊急電召其他同事到會議室增援，老鳥行政人員臭著一張臉，抱著一疊透明套與一束Q棒夾衝進來，一邊拆裝投影片一邊碎碎念：「真是的，又不是第一天上班……」

新進助理氣得捏扁咖啡紙杯，新進秘書唯有連聲安慰，並默默將「要給客戶翻閱的文件，就該配透明套與Q棒夾」這回事，增修到大腦的職場規則中。

## 工欲善其事，必先利其器

在家中，你不會把從市場買回來的鮮魚放在烘碗架上，也不會把脫下來的鞋襪收到冰箱裡；同理而言，公司秘書或行政人員要負責為實體檔案找到最適合的歸宿，妥善利用歸檔文具，讓主管、同事乃至於客戶方便檢索。

若到辦公室用品店或文具店，各式各樣的歸檔文具讓人看得眼花撩亂，其實每一種都有特定的功能，你都用對了嗎？就來一次檔案文具大點兵吧！

**歸檔文具大點兵**

| 種類 | 普遍尺寸規格 | 特色 | 適用文件 | 缺點 |
| --- | --- | --- | --- | --- |
| 透明套＋Q棒夾 | 開三口Q310 | 能與Q棒搭配出多種顏色組合，容易組裝 | 正式薄文件，如合約書、估價單等獨立文件 | 無法存放大宗文件 |
| L夾 | 開二口E310 | 多種顏色，文件存取容易 | 目前進行中的工作暫存檔案 | |
| 活頁三孔夾 | A4 | 可配合透明資料袋、彩色分頁紙、標籤進行分類，能隨意調整文件順序 | 厚重的文件、機動性存放的文件、可供隨身攜帶的多種類文件 | 佔空間，品質差者容易損壞 |
| 懸掛式吊夾 | A4、B4 | 分類、排序有彈性，原始文件不易受損 | 先後順序無關的文件、專案文件、原稿、公司執照、彩色型錄 | 需配合檔案櫃使用，不適合厚重文件存放 |

## 歸檔文具的認識與應用

透明套＋ Q棒夾

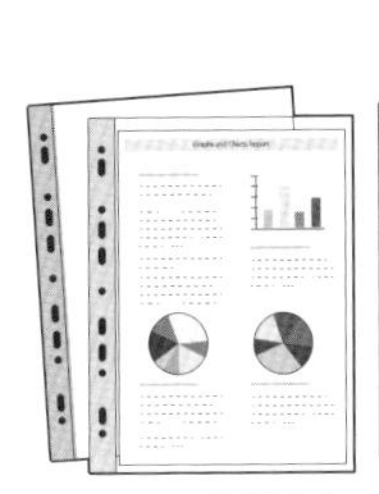

定裝透明資料簿

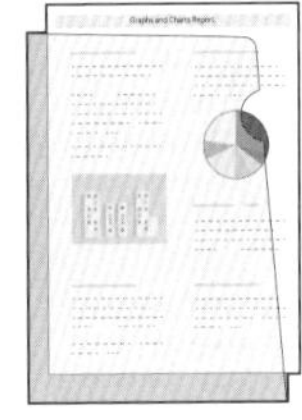

L夾

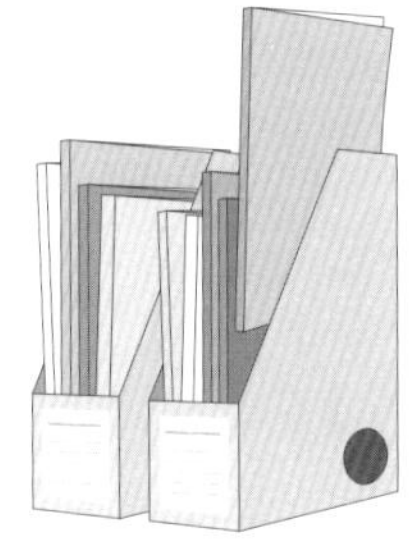

雜誌盒

活頁三孔夾

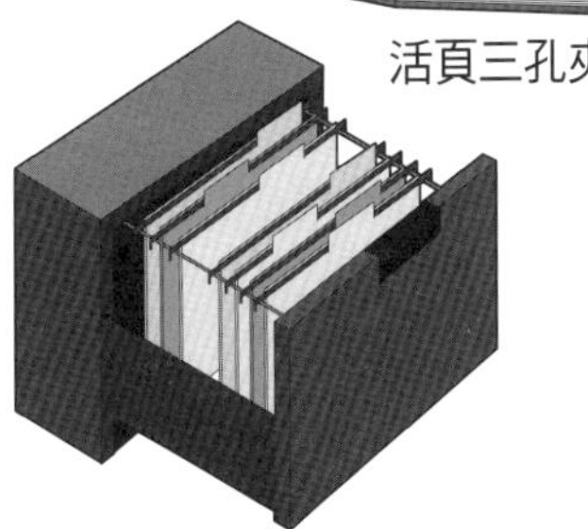

懸掛式吊夾

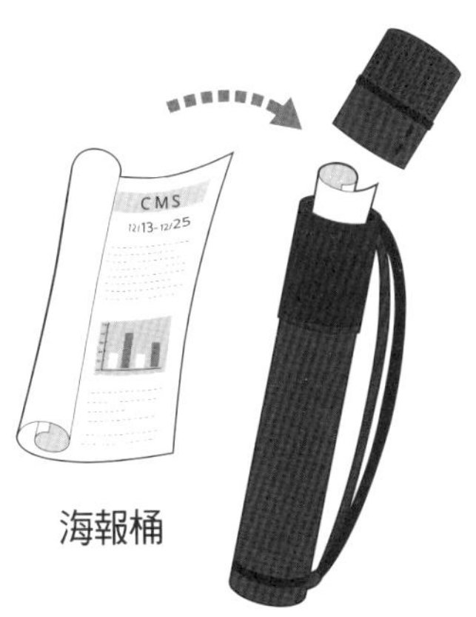


海報桶

| 種類 | 普遍尺寸規格 | 特色 | 適用文件 | 缺點 |
|---|---|---|---|---|
| 定裝透明資料簿 | A4，有20、40、80、100等頁數 | 文件無須打孔，透明袋可以保護文件，容易翻閱 | 先後順序無關的文件、專案文件、原稿、公司執照、彩色型錄 | 規格較受限，難以存放厚重卷宗 |
| 雜誌盒 | A4 | 文件無須打孔，分類簡易明瞭 | 已經裝訂好的雜誌、書報、產品型錄、公司年報、公司簡介等供索取的資料 | 不便隨身攜帶，品質差者容易損壞 |
| 海報桶 | 可容納A3以上的捲軸 | 將大幅卷軸密封收納，降低體積、便於攜帶 | 卷軸、海報、簽名綢、大幅製圖稿 | 翻閱不易，文件可能會捲曲變形、不易攤平 |

## 駕馭文具，展現貼心、專業的一面

對於歸檔文具，許多人的態度是堪用就好，為什麼要挑三揀四？回顧開場故事，上級對於招待重要客戶，認為正式的薄文件——會議資料，應該有質感、易翻閱，既然一樣是花時間，為何不把事情做得盡善盡美？

基本上辦公室會有各式各樣的歸檔文具，選對文具，就能夠在具體而微的地方展現貼心、專業的一面，與同仁長官共事也能更順遂。

# 3-4 實體檔案，我何時可以跟你分手？

## 紙本檔案的留存與銷毀

年尾會計關帳前，許多專案計劃也紛紛結案，秘書們整理出堆積如山的單據，要與報帳簽呈一起送交會計部，而一車又一車等待歸檔的報告資料，也讓人感受到放長假之前，有一場格外艱辛的硬戰要打。

「這不是五年前落選的設計稿嗎？！古董怎麼不拿去資源回收啊？」資深秘書May一邊叮嚀著，一邊指揮新進秘書：「把所有的會議紀錄都整理成一車，送到檔案室去。」

不過是放在各部門一年的會議紀錄資料夾，就積了不少灰塵，新進秘書被嗆得直打噴嚏，只好戴上口罩。當他拉著一拖車的卷宗跨出門時，大家還在討論不休——

「公關室居然剩這麼多箱發明展宣傳冊！這裡放不下，要不要送去倉庫？」

「但裡面介紹的技術規格，已經是上一代的了！根本不可能再發，我看也不必送去倉庫佔位子啦！」

## 劃分時效，保留對的紙本檔案

辦公室空間有限，檔案必須定期整理、歸類與丟棄。整理的時機通常是年度更替時，或在主管出差期間，讓主管回辦公室的那一刻，感受到整齊清潔的新氣象，也證明麾下優秀的行政人員時時刻刻都堅守崗位。

不過，每一名主管的行事風格不同，有的充分授權，有的總是「你丟我撿」，少了任何一份文件都會欠缺安全感，也有的覺得東西太多，實體檔案最好「放你家不要放我家」，當然在他需要時，下屬得立刻成為使命必達的FedEx。

秘書自己心中必須有一把尺，根據文件的重要性，衡量什麼能丟、什麼不該丟，這可以分為四種保留層級：

### 1.永久保存

法律文件如合約、憑證、租賃契約等等，必須永久保存。

### 2.十年保存

依照稅法，財務相關憑證必須保存七年，若擔心莫非定律在第七年時跑來作怪，不妨多保存三年，以十年為單位。

### 3.三年保存

商場瞬息萬變，一般會議紀錄與專案計劃書在三年內，都

## 紙本檔案的保存方式

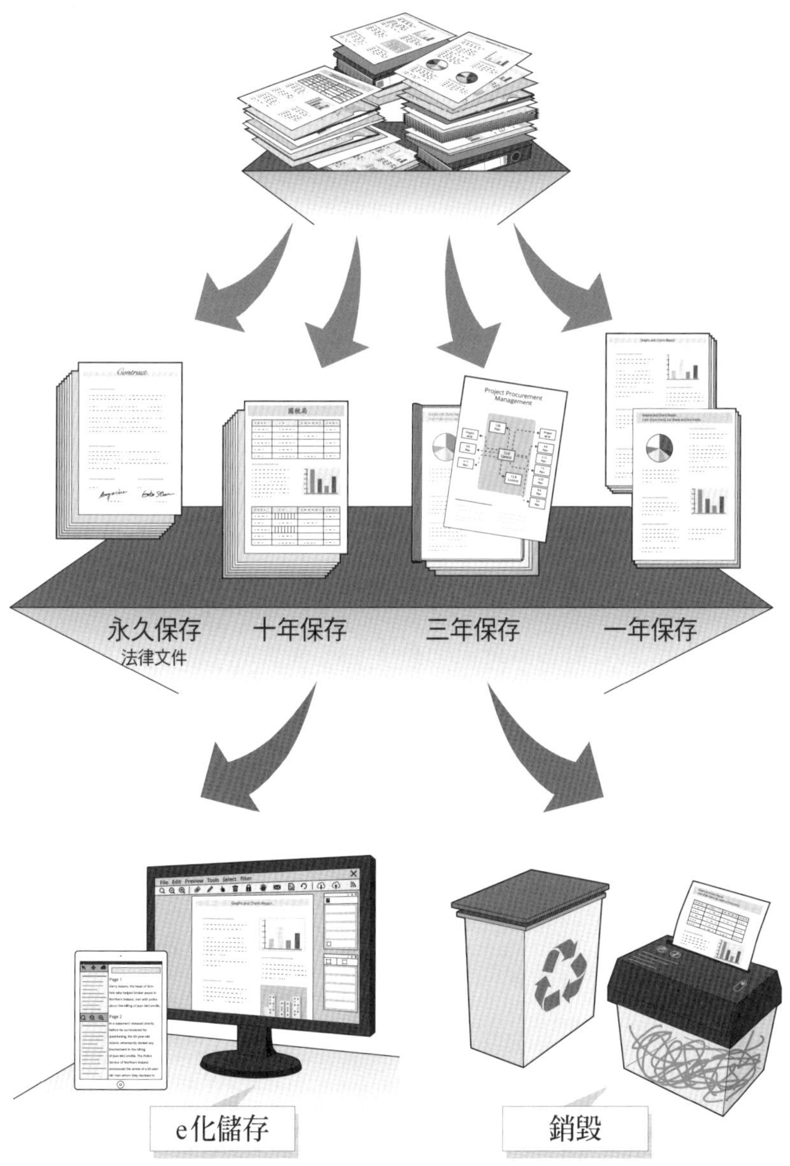

還算有參考價值。若上一個前例已經是三年前，能夠提供的協助已經有限，就放膽跟它們分手吧！

**4.一年保存**

除去以上三種保留層級，辦公室有多少文件是只有一年壽命的？這個比例高達80%，可能遠比你想像得還要高！加上現代越來越多檔案可以e化保存，因此到歲末年終時，你可以大力整頓自己的辦公室，向沉積一年的舊文件說bye-bye。

## 盡量不用紙張，文件很少能恆久遠

有句廣告詞是「鑽石恆久遠，一顆永流傳」，而能夠恆久遠的文件在歷史上屈指可數，你我桌上拉拉雜雜的辦公室文件，很顯然不是名垂青史的料！

現在幾乎人手一支智慧型手機或平板電腦，加上越來越發達的雲端儲存技術，連上網路、透過螢幕即可吸收資訊，因此不需要紙本文件時，就盡量不用紙張減少浪費，一同守護森林以及北極熊的家。

# 3-5 電子檔，讓我替你編列終身代號！

## 流水號電子檔案管理術

年底除了關帳、結案，準備績效評估也讓人忙得焦頭爛額。新進秘書的信箱中不斷冒出「急尋專案企劃書」、「我要打字稿！」、「國家發明創作獎申請書？」這類索取資料的主旨。

資深秘書May也接電話接到手軟，「去大學講形象管理的資料？哪一場？老闆講過那麼多場，都放在雲端硬碟工作區。什麼？找不到？！拜託，你這樣說我哪知道！好好……我請人幫你查行不行？一小時內傳給你行不行？」

聽到前輩氣呼呼地掛上電話，新進秘書就知道接下來又有「重要任務」要接，「請你幫我到雲端硬碟，撈出老闆去大學演講『專案倫理』的資料，企劃部的人急著要，但我等一下要去開會。」

「雲端硬碟沒這個檔案耶。」

「我知道，可能檔名換了，你就幫忙努力找啦。」

前輩抱著會議資料飛奔出去，留下新進秘書孤身面對蜂擁而來要資料的同仁，看樣子，今天又是一個辛苦日……

## 建構單一索引系統——流水號清單

你的硬碟中，有多少檔案的名字看起來模稜兩可？每次要找檔案時，用關鍵字搜尋卻找到似是而非的訊息？與其每次命名都要搜索枯腸，費神怎麼分類歸檔，不如建立一個單一索引系統——流水號清單。有時候，要練成百家招式套路，不如擁有一種爐火純青的技能，同樣能夠闖蕩江湖無敵手，建立單一索引系統就是屬於這一類。

### 範例1：怎麼製作流水號清單？

| 年份 | 編號 | 目的範例 | 補充說明 |
| --- | --- | --- | --- |
| 2014 | ×××× | 收文、發文、簡報、好文章，或感謝函…… | 和這個目的有關的檔案原始命名、e-mail主旨、紙本信函、人物留言，或活動訊息…… |

最後流水號呈現方式：14××××。

編號××××代表時間序列下發生的事情，而這件事情有一個起因，例如是提供一個會議的逐字稿、分享好文章，就在這個起因之下，衍生了很多討論、信件、附加檔案的來往，把所有相關的檔案全部列入編輯，就可以對大批相同目的而衍生的檔案，進行流水號編號。

流水號清單讓你有憑據備份，凡走過必留下痕跡。回顧開場故事，大老闆去學校開課的講義，可能已經因為數次來往溝通而改變命名，這時直接將這個目的有關的檔案原始命名、e-mail主旨、紙本信函、人物留言、活動訊息等，全收錄在一個流水號下的補充說明即可。

**範例2：檔案清單list-2014.docx**

| Date | File | Sub |
|---|---|---|
| 06.15 | 141315 | 收文：專案倫理上課狀況／From大老闆／××大學專業倫理與形象管理 |
| 06.16 | 141316 | 收文：打字稿／管理步驟與程序／資深秘書／後二章節／前半部41128.docx主文存為41316.docx，收文e-mail存為41316a.docx |
| 06.16 | 141317 | 發文：打字稿／管理步驟與程序／To資深秘書 |
| 06.17 | 141318 | 好文章：第一次網路公民運動就上手／From大學好友／活動企劃／網路宣傳 |
| 06.17 | 141319 | 簡報：領導行動／管理步驟與程序之四 |
| 06.18 | 141320 | 感謝函：英文演説訓練講座／From主辦單位／××人力發展中心／Boosting Your Innovation |

流水號管理乍看之下很麻煩，每天下班前可能要花上十五分鐘，把今天做的所有事情複習一遍，並將相關檔案編輯在流水號下。然而，當養成固定記錄的習慣後，就能更有效自我管理工作與效率，回溯成果時，也會格外有成就感。

因此，想要進行跨越檔案的多重索引時，一個流水號就將不同類型的資料連結起來，依照時間排序下，可以形成自己的工作日誌，可以做為績效統計、時間管理的依據，能輕鬆回顧當年度大事紀，並展望未來的工作目標。

很多秘書、行政人員忙碌一整年，像陀螺般轉個不停，到了年終卻發現太多瑣碎的業務沒有連結起來，以至於無法明確表達自己的績效，讓績效晤談變成人情、演說比賽。

如果平時就養成「每天歸納自己工作成果」的習慣，只要清查表格，就可以用流水號編號來輔助績效評估文件，參考範例3，每一件事情都可以用流水號追本溯源。很多主管在年終時也頭疼怎麼打考績，如果你能主動提出量化績效，相信會讓主管眼睛一亮。

**範例3：2014年績效評核表附件模式**

| 說明：後列數字為MEMO文號，MEMO list如附件 |
|---|
| 1.向各單位大力推薦Office Communication程式，方便各單位間訊息傳達，並錄製使用講解影片：140016、140022、140026 |
| 2.建議業務部採用Google Calendar線上預約會議室：140018、140020 |
| 3.國家產業創新獎申請資料準備：140019、140033、140039、140041、140043、140056、140061 |
| 4.常用表格建檔：140021、140027、140099 |
| 5.籌劃商用英語能力研習營：140024、140031、140036、140049、140051 |

## 串流人事時地物，寫下你的職場脈絡

許多人覺得行政工作又多又繁雜，一年到頭忙下來，最後卻說不出自己為何而戰，無法累積成就感。

這個現象的肇因，常常是沒有落實個人檔案管理，因此改變自己管理電子檔的方式非常重要。利用流水號索引，能輕鬆串連起職場人事時地物，同時強化組織的知識管理，讓你一技打遍天下資料管理的戰場。

# 3-6 善用Note系統交接工作

## 電子清單，交接簡單！

業務部的秘書因為成家之故，自請借調到南部廠區，這個職務空缺，公司高層便指派新進秘書先行代理，到新人來報到為止。

在交接清單與同意書上簽名那一刻，路過的會計部同仁笑吟吟地對新進秘書說：「業務部雜七雜八的麻煩事多到不行，老闆欽定你，一定覺得你是可造之材，加油啊！」

新進秘書哭笑不得，這話不知是戲謔還是勸慰，交接清單上列有好幾個光碟桶的產品圖檔，每張光碟上用狂草字體寫了一串鬼畫符，裡面還混雜著產品使用DEMO影片；主管行程管理居然東一個excel檔、西一個Google超連結；預算規劃書也不知道是在演算哪些專案，有的存word檔、有的存excel檔，還有的標示路徑為「雲端硬碟→業務部→行政管理→『資』資料夾」……

這根本是把交接清單當成個人筆記本，誰能立刻看懂這樣的工作邏輯，馬上無障礙接手啊？！

# 用Note系統完美交棒

即使不是天天職務「大風吹」，許多企業也會進行內部工作輪調，如何傳承過往的經驗是個大考驗。新接手一個工作崗位時，前一名工作者留下來的資料紀錄千萬別急著丟，因為這是經驗傳承的重要脈絡。好在現代是雲端時代，許多資訊都可以e化保存傳遞，若能善加運用Microsoft Office的Note系統，便能把許多「筆記」的智慧傳承下去。

# 如何善用Note系統

### 無限擴充，自訂表格

一般筆記本有頁數限制，頁面編排與格式也有限制，與其買數種活頁紙或專用筆記本，不如用Note系統自訂頁面標籤，無限擴充並做出最合用的表格。

### 支援Microsoft Office系列程式

敘述性文章用word、簡報檔用power point、會計試算表用excel、編排出版品用publisher……這些通通都可以整合進Note系統中，不用擔心轉檔問題。

### 與他人共同線上作業

在學生時代，大家都會影印書卷獎的筆記，分享準備考試的經驗。但影印分享不只多消耗資源，且原始文本如果有錯，必須自行修改。現在進入雲端時代，使用Note系統可以在個人筆記中引入群眾智慧，內容維持同步，也能迅速複製筆記內容。

**複製、貼上螢幕上重要畫面與內容**

還在努力抄資料嗎？不知從何抄起的東西要怎麼做筆記？例如許多企業會蒐集網路新聞，難道要全部列印出來，貼到筆記本上？用了Note系統，事情就會變得輕鬆許多，無論是影片、圖片還是網頁，螢幕上的重要畫面與內容都可以輕鬆複製貼上。

## 工作交接，打造個人職場口碑

許多人離職或職務輪調時，心中的念頭是「不幹的人最大」，願意把事情做一個段落就不錯了，誰管什麼工作交接？

事實上，給別人方便，就是給自己方便，初入社會職場人脈為零的菜鳥，如果能將工作執行得井井有條，並將責任完整傳承交接，相信長官同仁都會肯定你，並在未來扶你一把，善用Note系統讓你不再視工作交接為畏途，同步打造個人的職場口碑。

## 清楚明白完成交接

運用Note系統，傳承「筆記」

可擴充、自訂表格

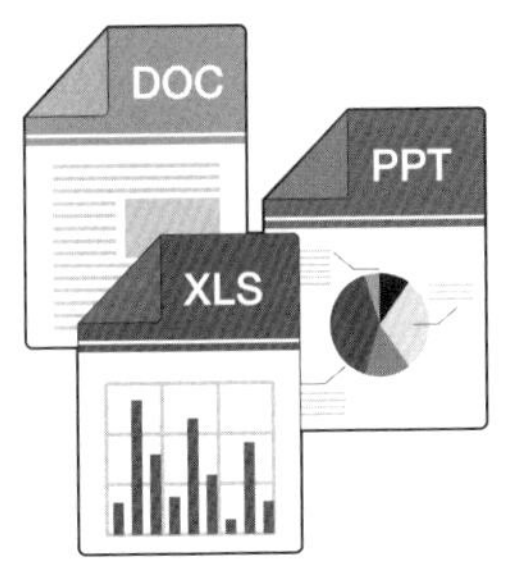


不用擔心轉檔

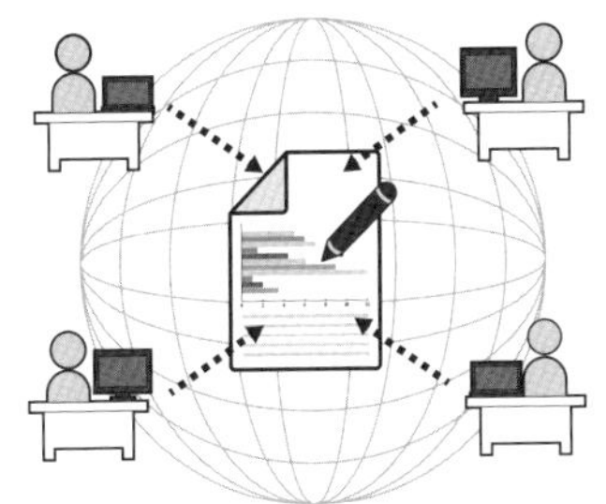

與他人同步作業

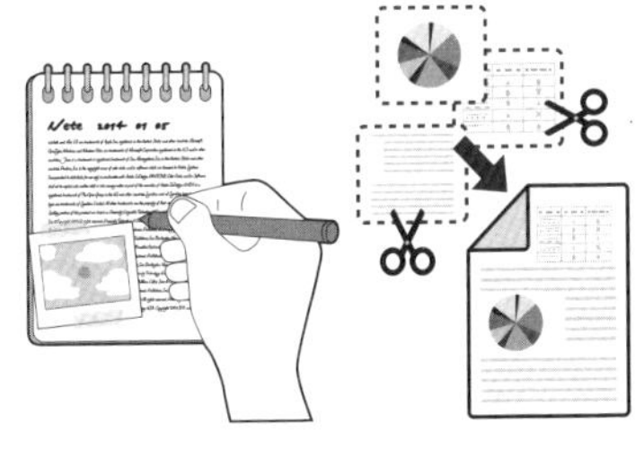

輕鬆複製、貼上畫面與內容

# 第4章

# 會議管理術

做好籌劃與紀錄，
創造高效率的會議環境

# 4-1 開會擂台，Are you ready?

## 職場群體溝通的灘頭堡

一場跨部門的爭端——

「這配色醜爆了，你敢送去打樣？」

「客戶就是要求這種紅配紫啊！」

「不能客戶要求醜陋，你就做出醜陋的東西啊！」

「這是依照業務部門的e-mail修改的，已經改到第三次，再改就要開天窗了……」

美術總監拿起電話，打到業務部門去聲明立場，要求與客戶直接溝通。接洽的業務很堅持，「給美編的e-mail，就是業務部與客戶達成的共識，不滿意難道要叫客戶追加預算重改？」

美術總監認為業務無視辛苦改稿卻總是被翻案的美術設計部，私下傳了新設計圖給客戶，結果客戶覺得完全不符合自己對產品的期待，立刻來電賞了業務一陣狗血淋頭。

眼下雙方人馬來到老闆面前，指派對方的不是，老闆只對助理說：「通知大家，所有人都來開會。」

## 簡報式、動腦式、訓練式會議大不同

老闆下了一個「開會」的結論與指令，而這個會該怎麼開？要達到什麼目的？行政人員與秘書、助理等必須注意哪些事項，才能奠定有效會議的基礎？

建議先從目標出發，找出最適合的會議形式，而會議形式可以大致分為簡報式、動腦式、訓練式三大類。決定好會議形式之後，再來設計議程，找到適合的場地與設備，邀請相關人員一同與會。

### 不再「會」無好「會」！三大會議形式不出錯

不同的會議形式除了出發點目標不同，相關的配套措施也不同，透過以下一覽表，能有清楚的概念並可相互對照：

| 會議形式 | 簡報式會議 | 動腦式會議 | 訓練式會議 |
| --- | --- | --- | --- |
| 目標 | 宣讀事項、進行報告 | 讓事情從無到有、從粗到精的腦力激盪 | 讓聽眾學習特定技能與觀念 |
| 議程設計 | 講者能完整報告 | 每個與會者能提出構想，激發創意 | 講者能和與會者良好互動 |

| 會議形式 | 簡報式會議 | 動腦式會議 | 訓練式會議 |
|---|---|---|---|
| 場地與設備 | 劇院式半圓形場地，講者站上有高度的舞台或講台，與聽眾保持一定距離 | 單一圓桌會議，大家的距離越近越好 | 多個圓桌分組，每個組別都沒有看不到講者的死角，講者也能輕鬆走下講台進行互動 |
| 出席人員邀約 | 少數講者面對10名以上聽眾 | 建議不超過10人 | 少數講者面對3個以上、10個以下的分組，每組建議不超過10人 |
| 案例 | 記者會、法人說明會 | 工作坊、提案大會 | 講座、研討會 |

## 開會是來解決問題

每個「會議擂台」的目的，是要讓不同小組面對面溝通，期待眾多訊息進行一次性的交流之後，代謝掉誤會，進而融合意見、凝聚共識，接下來才有可能公平合理地分派工作。

當各公司行號、社團組織都躲不過「開會」這一關時，若希望集體溝通能夠快速且有效，並將解決問題的過程整理成一套SOP，便意味著要「正確開會」。

上班族都受過規劃鬆散、不知所云會議的煎熬，如果秘書、助理與行政人員能夠協助確認對的會議形式，由此著手就是終結集體浪費生命的第一步，真可以說是「功德無量」啊！

## 三大會議的目標與形式

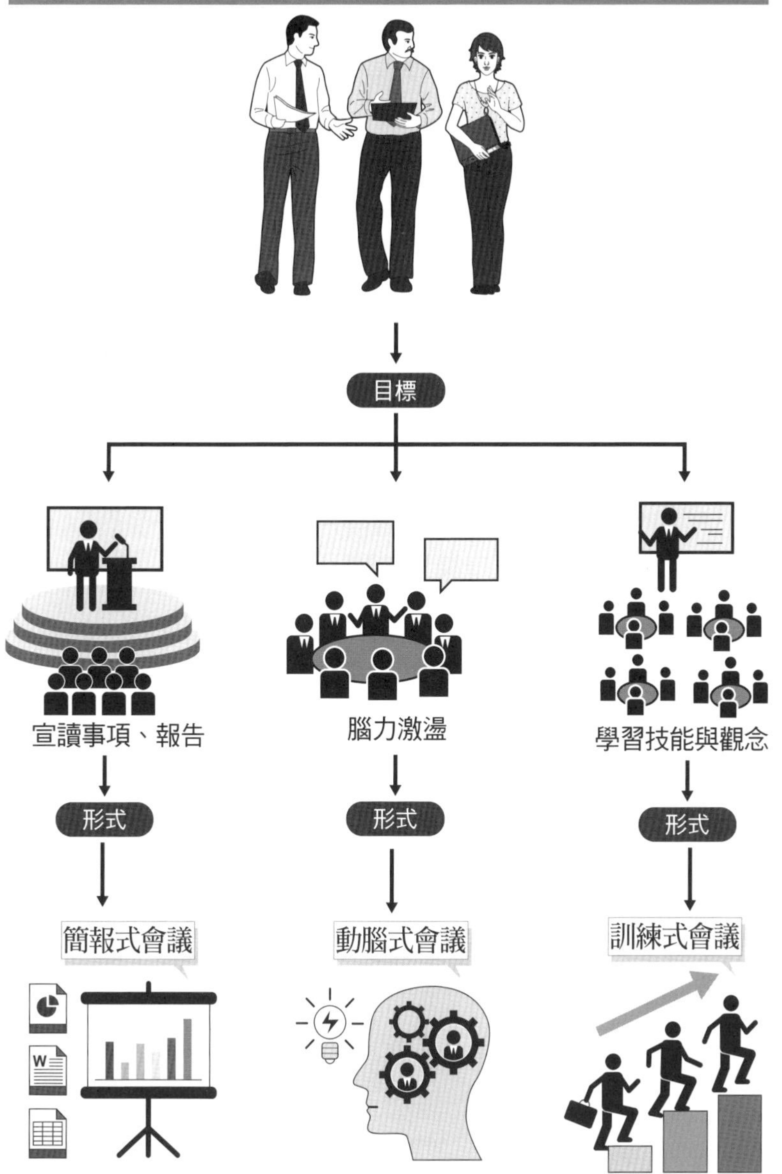

# 4-2 搞定會議籌劃

## 打造最佳決策環境的重要推手

在重要大客戶年度訪廠前，部門主管們只要聽到必須跟執行長、董事長開會，就個個臉色鐵青，秘書與行政人員更是苦哈哈，例行工作堆積如山不說，還要負責籌劃整個會議流程。

「那個誰誰你幫我約好了沒？會議流程發了沒？」現在衝進辦公室來催新進助理的，可不只是資深秘書和大老闆們，連各單位的窗口也來參與這場大亂鬥。

「投影片講義怎麼排得亂七八糟？要翻閱的東西不可以只放在牛皮紙袋，要先裝訂起來，懂不懂？」

果不其然，匆促準備的會議資料袋逃不過資深秘書Clare的法眼，大家趕緊動手調整。新進助理正想哀號「事情可不可以一件一件來」時，會計又開始奪命連環叩，要求盡快提出會議經費預算。

「下午三點到六點的會議，要訂便當還是下午茶餐盒？」

「不管訂哪個，你趕快把預算報給會計！」

「兩種的價格又不一樣！預算就差好幾千耶。」

當資深秘書一邊接聽電話，一邊要新進助理「動腦筋想辦法」時，電腦行事曆程式不斷跳出新視窗，提醒新進助理趕快確認會議的場地布置事宜，新進助理忍不住嘆口氣，怎麼會議還沒開始，就已經有這麼多事情？

## 會議責任分配必須有始有終

要搞定一個會議，不只是事前萬全準備，還必須在會議前、中、後都有始有終地分配責任。至於工作分配哪一項優先？基本上在事件必須完成的時序之外，應該依照關係人多寡、合作程度進行排列，欲授權或交代他人處理的工作優先，與他人聯絡或協調的工作次之，最後執行自己可以單獨處理的工作。可以參見會議工作分配表的規劃。

至於場地布置及會議文件，種類項目繁多，沒有人能博聞強記地熟悉每一個細節，這樣的預算估計也容易忘東忘西！不如把這一切透過Excel或Note系統表格化，讓項目逐條呈現，即使剛開始無法估得非常精準，但至少能夠根據初步的估算進行調整與修改，整體花費的金額也才得以掌控。

## 打造最佳決策環境的推手

一場會議是否成功，端視溝通的過程有沒有凝聚共識，最後能否解決問題。儘管籌劃會議的行政人員，未必是會議的決策核心，但肯定是打造最佳決策環境的重要推手。因此面面俱到的籌劃者絕對不能丟三落四，懂得靈活運用表格管理會議籌劃相關事項，可以提升工作效率，創造你職場上的好口碑。

## 會議布置、文件檔案一覽表

| 工作項目 | 雜項 | 預算估計 | Check |
|---|---|---|---|
| 會場布置 | □精神堡壘、主題看板<br>□報到處、指示海報標示<br>□桌牌、名牌、記者席<br>□花藝布置<br>□文具<br>□茶水、點心 | 印刷費：______<br>膳食費：______<br>花藝費：______<br>布置人工：______<br>雜支：______ | 完成日期：<br>______ |
| 資料袋 | □議程、出席名單<br>□報告資料<br>□公司或個人簡介資料<br>□相關統計資料<br>□文宣品、禮品 | 印刷費：______<br>禮品費：______<br>雜支：______ | 完成日期：<br>______ |
| 視聽設備檢查 | □電腦／投影機設備<br>□白板／白板筆／板擦<br>□海報架<br>□麥克風<br>□指揮棒／雷射筆<br>□翻譯人員及設備<br>□錄影師／攝影師<br>□測試設備 | 翻譯費：______<br>攝錄影費：______<br>雜支：______ | 完成日期：<br>______ |

# 會議的籌劃

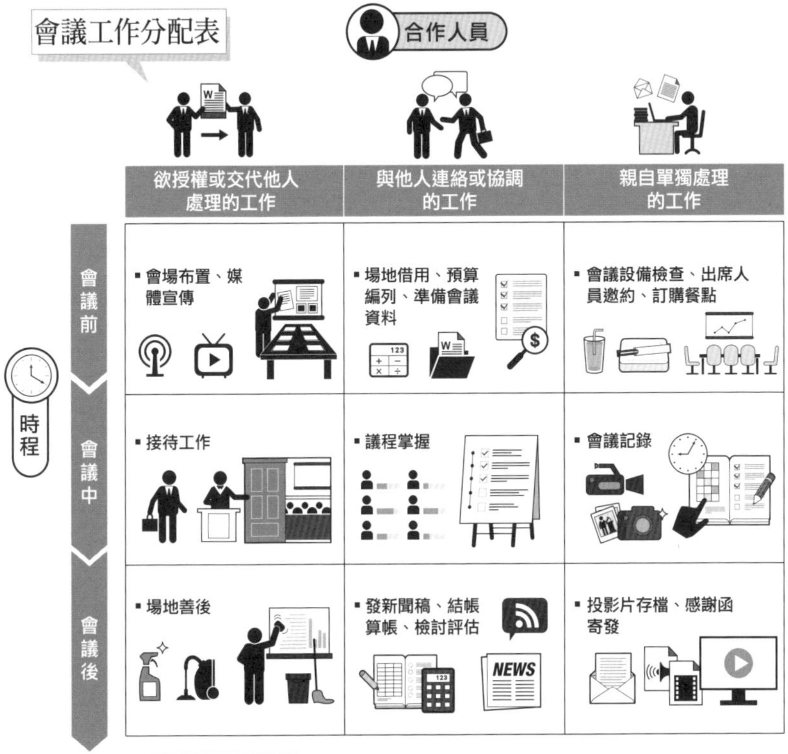

## 會議工作分配表

合作人員

| 時程 | 欲授權或交代他人處理的工作 | 與他人連絡或協調的工作 | 親自單獨處理的工作 |
|---|---|---|---|
| 會議前 | ▪會場布置、媒體宣傳 | ▪場地借用、預算編列、準備會議資料 | ▪會議設備檢查、出席人員邀約、訂購餐點 |
| 會議中 | ▪接待工作 | ▪議程掌握 | ▪會議記錄 |
| 會議後 | ▪場地善後 | ▪發新聞稿、結帳算帳、檢討評估 | ▪投影片存檔、感謝函寄發 |

## 會議工作項目表格化

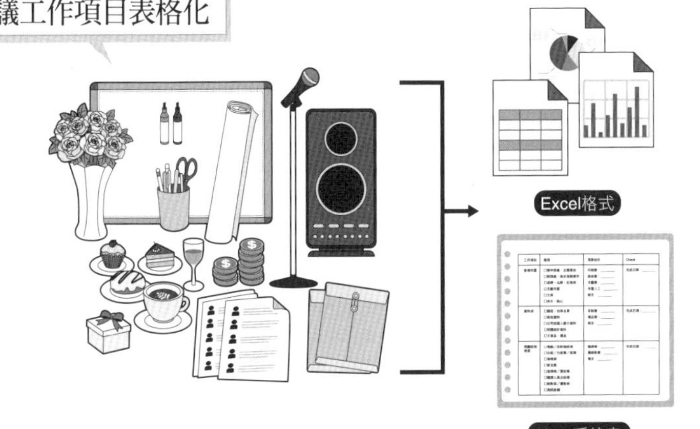

# 4-3 忙盲茫開會？！

## 運用會議管理三大絕招，打造職場好「智」會

主管們來到董事長及其學成歸國的公子面前，個個笑臉迎人。這次見面之前，公司內部八卦已久，盛傳公子即將位居要津，但這些傳聞揣測可沒有預先排進今日議程中，因此光是依據職級輩分上前拱手寒暄，便花了十來分鐘，急得資深秘書頻頻跳腳。

這時董事長公子忽然亮出一個隨身碟遞給新進助理，原來是要安插進議程中的投影片，負責控制電腦的新進助理愣了一下，一個幾十Mb的pptx檔，共有幾十頁洋洋灑灑的內容，除了自我介紹，還有好幾個看起來跟今日議程沒什麼關連的章節。

原本會議預計進行45分鐘，時間可是排得死緊！資深秘書陷入天人交戰，該讓董事長公子講多久？一小時後，許多主管還有下一場會議，層層拖延的連環追撞下，新進助理恐怕也來不及整理完會議記錄，看樣子，今天又要陷入忙盲茫的開會漩渦……

## 三大絕招讓開會經濟、有效率

許多人痛恨開會，覺得根本是一群人聚在一起浪費時間、降低工作效率。對公司企業而言，會議的支出並不只是場地、水電費，所有員工的時間成本也都包含在內。因此一場會議的成本計算應是「無形時間成本＋有形成本」，無形時間成本可用「參加會議人數×平均每小時薪資×會議時數」來推算，開一個會所費不貲，但會議似乎又是個不可或缺的制度。

會議必須開得經濟有效率，以下三大會議管理的絕招，幫助行政人員打造職場好「智」會。

### 1. 提前通知

除非是緊急會議，表定會議最好七天前就確認誰會來開會，這時可以根據會議形式，設計出不同的議程，並用e-mail發出會議通知，告知會議重點與議程。先讓大家清楚會和誰以怎樣的方式面對面，有心理及實質的準備後，再開始會議。

### 2. 萬全準備

行政人員必須在會議前，仔細檢視各單位主管、同仁準備的文件，同時設定簡報檔案收件的截止時間，若不齊全，應該向會議召集人通報狀況，必要時取消會議。

同時切記，會議讓眾多訊息一次性交流，真正的目的是要凝聚共識作出結論，不是來對一群不清楚狀況的聽眾做報告，也不該是坐等講者來循循善誘，「會前預習」是萬全準備的一環，報告者、與會者都有責任。

**3. 分秒必爭**

會議議程以分鐘計算，寒暄別太久，三分鐘是極限，主席必須扮演計時守門員的角色。

行政人員在安排會議時，應將重要會議隔開，預留彈性時間，同時會議紀錄當場以電腦完成，讓會議結論、工作分派、責任歸屬一目瞭然。

## 會議文化就是公司文化的縮影

開會要有效率，必須做不少功課，而且十分講究預習、學習等基本功——看別人秀出優秀的簡報檔，進而聆聽到深入淺出論述內容，相信會讓大家自我砥礪，以更高的標準要求自己精益求精。

會議文化就是公司文化的縮影。在流程中，行政人員與秘書若能好好把關，便可確保開會的效率。有效率的會議能幫助群體成長，進而營造出部門與公司的正向循環。

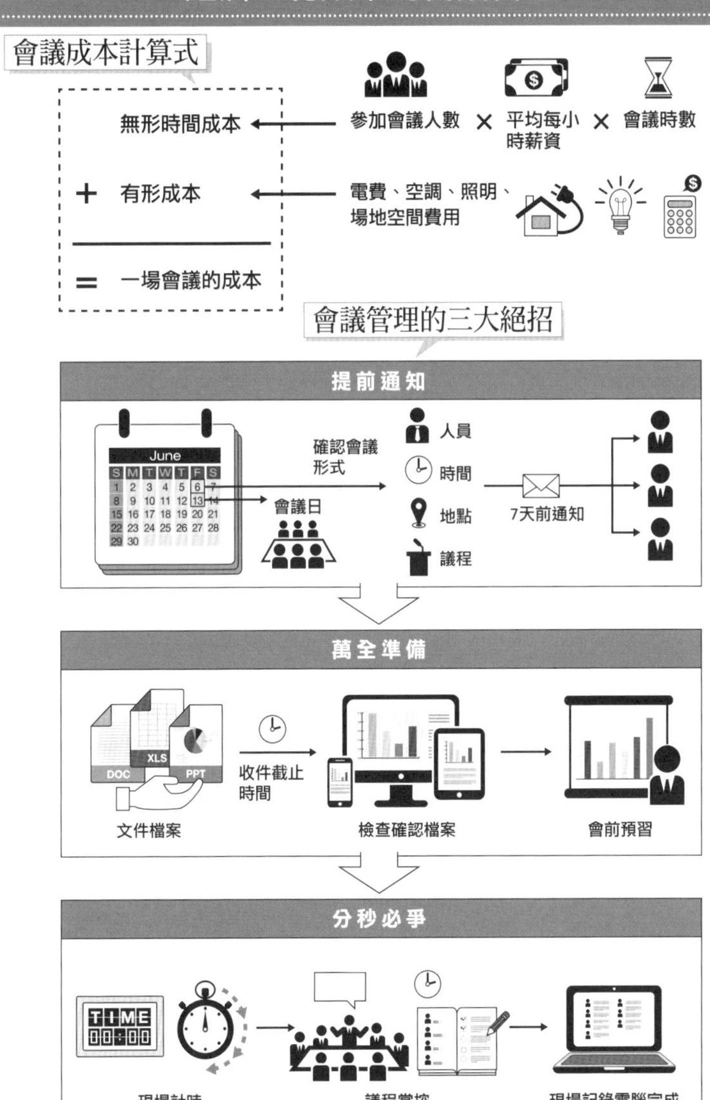

經濟、有效率的會議管理
會議成本計算式
無形時間成本
參加會議人數 × 平均每小時薪資 × 會議時數
＋ 有形成本
電費、空調、照明、場地空間費用
＝ 一場會議的成本
會議管理的三大絕招
提前通知
June
確認會議形式
會議日
人員
時間
地點
議程
7天前通知
萬全準備
DOC
XLS
PPT
收件截止時間
文件檔案
檢查確認檔案
會前預習
分秒必爭
TIME
現場計時
議程掌控
現場記錄電腦完成

# 4-4 究極會議表單格式設計

## 設計功能強大的開會通知單和會議紀錄表

一封帶著「極重要」標示的e-mail出現在郵件堆的最上層，新進助理立刻點選開來，是一則簡短到不行的會議通知：「緊急會議，非常重要！業務部、美術部、行政部中午全體與會，大會議室見。」

「什麼啊！」新進助理還來不及發表感想，資深秘書Clare已經撥起電話跟發出開會通知的業務部助理問清楚、講明白。

「今天為什麼要開會？」

「三個部門全體出席？誰主持？為什麼要來這麼多人？」

「會議時間是中午幾點到幾點？十二點是中午、十二點半也是中午啊！」

「你現在說不清楚沒關係，跟我講要討論什麼事？是你要大家中午去開會，沒講議程我怎麼知道要準備什麼資料？這樣會議要開到幾點？」

「你知道會議通知有特定格式嗎？我建議寫清楚重發。」

資深秘書砰地一聲掛上電話，新進助理汗流浹背地聽著前輩連珠炮般教訓與自己同期的新人，只能慶幸自己從進公司以來，已經發過N次會議通知，會議紀錄也寫過無數回了，幸好沒有「出槌」到這種地步。

資深秘書Clare立刻衝出去張羅開會文件，新進助理抓起電話，基於同期的情誼，想提醒業務助理參考自己的會議通知單與會議紀錄格式，但按下分機號碼，話筒中傳來忙線的嘟嘟聲，想必對方正為了層出不窮的「客訴」疲於奔命中……

## 製作一目瞭然、可追蹤的表格

習慣了簡訊、140字微網誌、一行文狀態的現代人，要寫一份鉅細靡遺的開會通知單、責任歸屬清晰明確的會議紀錄，難免會感嘆公司企業怎麼會有這麼多繁文縟節。事實上，這種公文文書比的不是作文，只要設計出完整的格式，然後將會議資訊詳實記錄上去即可。

### 開會通知單篇

表一的開會通知單結構已經相當完整，值得注意的是，在議程的部分，必須附註每個議程的發言、報告時間，以控制會議不會漫無目的地發散。必要時準備一個按鈴，在時間剩下一分鐘時短按一下，時間到時長按，提醒大家遵守議事規則，也尊重下一名發言者。

至於董事長、執行長、總經理之類的公司高層，常常擁有可以無視議事規則的「特權」，當他們的話匣子一打開就閉不起來時，議事人員很難出手阻止，不如將他們排在議程最後發言，並且也在通知單上明訂時限，時間到時，一樣按鈴提醒。這樣做除了上述的好處，也可以避免在專業人員提出構想前，公司高層就發言，因而扼殺來自基層的創意與中肯建言，同時也讓高層覺得較受尊重。

**會議記錄篇**

開會時，令人頭疼的事情簡直數不完！與會者沒提供資料，甚至腦袋都沒有帶來，就渾渾噩噩地上台胡扯；會議重複討論上一次做了結論的事項，更恐怖的是推翻上一次的結論，決策者卻人云亦云；因為決策反反覆覆，原本有進度的事情一下有始無終，想當然耳，接下來也沒有人負責追蹤……

這些問題，聽起來似乎是公司高層「領導無方」，然而在期盼一名完美領導者時，大家往往忽略一件事，最艱難的企業氛圍改造工程，可以從最簡單的會議紀錄格式改變開始。

參考表二的會議紀錄格式，就會明瞭會議紀錄可不是只記這次開會討論了什麼事情的流水帳。

在對人的管理上，除了記下出缺席人員，還要記錄沒有提供資料、就直接進行發言的人員，督促與會者意識到：要讓自己的發言有所本、有影響力，就必須做好功課，也讓大家檢視

## 表一　開會通知單範例

| 開會通知單 Meeting Notice | | | 發文日期： |
|---|---|---|---|
| 受文者 To | 如出席人員 | 副本致送 cc | |
| 主旨 Subject | | | |
| 召集單位 Convener | | 主持人 Chairman | |
| 開會時間 Timer | ＿年＿月＿日　星期＿　自＿時＿分　至＿時＿分 | | |
| 開會地點 Place | | | |
| 議題 Topic | | | |
| 出席人員 Participator | | | |
| 備註 Remarks | | | |
| 發文者 From | | 分機 Ext. | |

## 表二　會議紀錄格式範例

| 會議紀錄 | | | | | |
|---|---|---|---|---|---|
| 日期&時間 | | | | | |
| 地點 | | | | | |
| 主席 | | | 紀錄 | | |
| 列席 | | | | | |
| 出席人員 | | | | | |
| 遲到／缺席人員 | | | | | |
| 未預先提供議題，直接發言者 | | | | | |
| 上次應完成未完成事項 | | | | | |
| 項次 | 決議事項 | 執行單位／人 | 預計完成日 | 修正完成日 | 修正原因說明 |
| 一 | | | | | |
| 本次會議內容（針對本次會議決議的內容做記載） | | | | | |
| 項次 | 決議事項 | 執行單位／人 | 預計完成日 | 實際完成日 | 執行狀況追蹤 |
| 一 | | | | | |
| 歷次未到期事項及執行狀況追蹤（長期計劃） | | | | | |
| 項次 | 決議事項 | 執行單位／人 | 預計完成日 | 執行狀況追蹤 | |
| 一 | | | | | |
| 與會者決議事項確認欄（請簽名確認） | | | | | |
| | | | | | |
| 下次會議時間： | | | | | |

你做了哪些功課。

對事情的管理，首先要盤點上次會議做了哪些決策，進而確認落實這些決策的執行者，究竟進度走到哪裡了？檢視過上次議事紀錄後，本次會議訂下的決策，是誰來執行？而執行期、驗收日又是什麼時候？這些都可以用表格化管理，來克服人腦記憶力有限的問題。

當然，這份會議紀錄不是秘書或行政人員說了算，建議可以在與會者都看得到的大螢幕上線上編輯，會議完畢後立刻簽名確認，同時認領權責，在會議紀錄上凝聚公司治理、營運的共識。

## 行政的天職就是協助管理

回顧開場故事，許多職場新鮮人甚至資深員工，並沒有意識到會議通知、會議紀錄對於公司治理的重要性和影響力，因此認為自己有做即可，沒有深思為什麼要花力氣做到好。

當秘書、行政人員知道什麼是好的會議通知單以及會議紀錄模式，進而可以協助日理萬機的經理人管理公司、追蹤權責，並藉由會議紀錄與秘書或行政人員的提點，有脈絡地掌握人與事的發展關聯。因此我們可以說：「行政的天職就是協助管理。」當熟悉如何協助管理之後，就會更懂得如何執行管理，不僅加值自己的職能面向，提高競爭力，也為未來晉升管理職做了真槍實彈的演練。

# 4-5 bye-bye回憶錄！我只做會議紀錄

## 會議、會意，你到底會不會？

公司開會真的都很無聊嗎？其實不見得，新進助理覺得新品上市記者會的主題發想會議新奇又好玩，畢竟記者會就是得有噱頭，才能夠吸引鎂光燈，一群同事聚在一起激盪出有趣的點子，會議中不免有天馬行空的離題時刻，不過就是因為這些笑聲，才有辦法挺住煩死人不償命的工作啊！

然而，發想會議容易過度發散，因此整理會議紀錄，就變成一件苦差事，果不其然，資深秘書Clare又指著會議紀錄問到：「這是什麼玩意啊？」

議程中註記了一項：「專案經理睡過頭請雞排，謝謝經理。Ps.還有珍奶（敲碗）。」

「就是專案經理因睡過頭遲到，答應要請我們吃下午茶，除了雞排還要加珍奶，因此大家就敲碗要他快兌現。」

「這種事情不用記啦！」

「問題是，同仁說這是『有爭議內容』，要詳實記錄……」

「你不能跟著瞎起鬨，這次開會想出了什麼東西？有多少預算？要對哪些媒體發稿？才是你要記錄的重點啦！」

## 表格、條列、重點三合一，詳記爭議內容

看過上一節，有了結構周全的會議紀錄格式後，知道每個事項的進度、負責人、完成時間表，似乎接下來就能自動產生好的會議紀錄了。

然而，除了打字最好很快以外，以第三者立場撰寫、保持中立、簡明扼要地記下結論，都是會議紀錄的基本常識。以下還會透漏一些「撇步」，讓你撰寫會議紀錄的功力更上一層樓。

### 三合一記錄法

究竟會議紀錄要全面表格化？條列化？還是行文只記錄重點就好？

三者各有各的優點和缺點，畢竟是我們在使用工具，不是工具在使用我們，哪一種方式方便有利，就該靈活運用那一種。因此三合一的記錄法，是最符合現實需求的。在開始記錄前，最好先參考一下會議議程的討論議題大綱，大致有個概念，並略作判斷，即可避免會議紀錄寫得混亂不清。

### 精細有別

把發語詞、形容詞、副詞等全部一字不漏地打字呈現，叫

## 做會議紀錄的訣竅

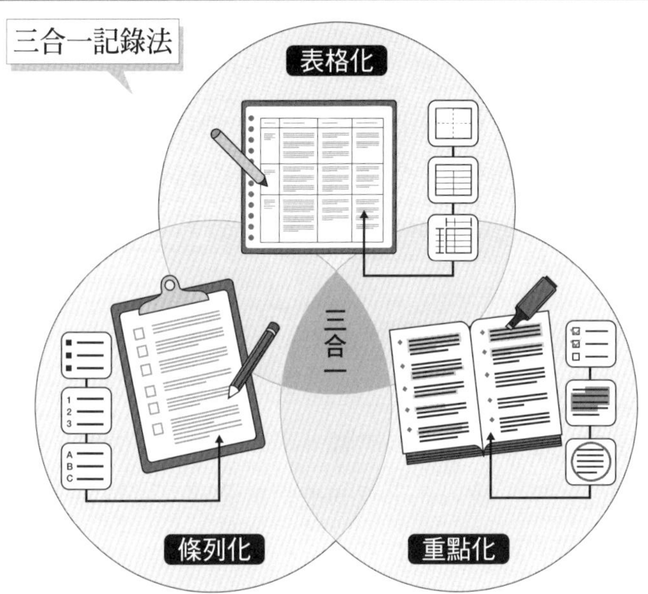
三合一記錄法
表格化
三合一
條列化
重點化

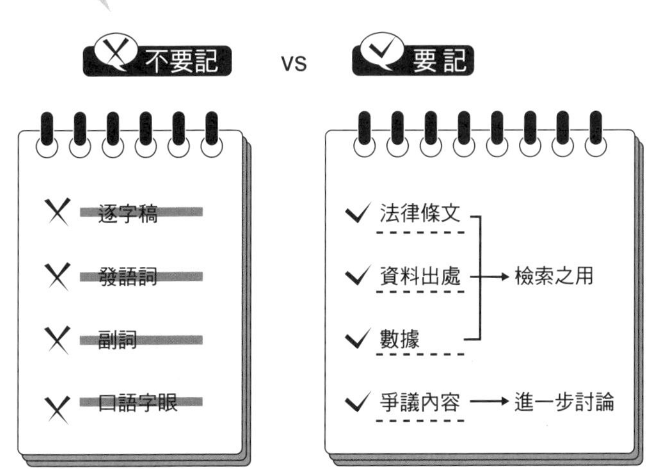
會議紀錄精細有別
不要記
vs
要記
逐字稿
發語詞
副詞
口語字眼
法律條文
資料出處
數據
檢索之用
爭議內容
進一步討論

做「逐字稿」，不叫會議紀錄。做會議紀錄時，要視狀況省略口語化的字眼。

法律條文、資料出處、數據等，若必須準確無誤地引用，就應詳實記錄下來，以備日後檢索之用。另一項必須詳實記錄的，是有爭議性的內容。這類內容經常需要更進一步討論，並加以解決，避重就輕很可能招致反效果。

## 會議記錄是程序正義的最後一里路

若你心中存在「會議很無聊，出席是當橡皮圖章，會議紀錄只是聊備一格，我只在乎我的主張被贊同」這類想法，你恐怕就輕視會議的真實意義了。

理想的會議狀態，是在充分討論、溝通後，凝聚出結論與共識，即使結果不見得符合個人期望，但已經滿足程序正義的條件。

因此會議紀錄的撰寫，可說是滿足程序正義的最後一里路。會議紀錄要讓人能「會意」群體溝通的寶貴思辨，這不需要變成作文比賽，但絕對不該虛應故事。在整理的過程中，還能鍛鍊你的邏輯思維能力，所以別怕麻煩，認真做它，學到的絕對比你想像的還要多！

# 4-6 啥？平息會議衝突也算我一份？！

## 以冷靜與友善跨越會議的衝突

「業務部的人還沒進來啊？！」負責這次專案的研發組組長急得跳腳，剛才中亞駐地廠急電，業務支部長跟駐外資深工程師爆發衝突，雙方互嗆對方失職，甚至言明要罷工到對方消失為止，總公司召開緊急會議，想辦法處理。

「中亞客戶的交期剩不到一星期，這個週日發現bug，你派去的人怎麼沒支援？」

業務部負責人姍姍來遲，一進會議室就興師問罪，研發組組長也拔高音量：「支部長自己帶家人出去玩，把唯一一台公司車開走，連手機也不接，我們工程師困在工業區，計程車叫了兩小時都沒來，你怎麼不問你們的人什麼意思？」

「他說是去重要客戶的慶生party談業務，這張訂單也是我們——」

「拿到訂單？！那種莫名其妙的規格，還不是要靠我們研發——」

雙方的新仇舊恨引爆戰火，令在場同仁們傻眼，新進助理也恨不得立刻逃出會議室，不知這個僵局要怎麼化解？

## 停、看、聽，排除會議內外的干擾

職場是各式各樣的人共事的地方，部門小組之間也常免不了利益衝突，許多壓力的累積，若在會議時爆發出來的確棘手。突發狀況容易讓人慌了手腳，但事實上只要謹記「停、看、聽」三原則，基本上就能讓行政人員平安穿越危險的職場平交道。

**步驟一：停，防止衝突擴大**

當會議中同仁爆發口角時，必須讓主席意識到，應立刻暫停或結束會議，就如同球賽發生犯規時，裁判第一時間是先喊停，然後才進行後續的仲裁。行政人員或秘書可以做的就是以冷靜、友善的態度，立刻採取改善行動或措施，譬如將爭執的雙方帶到不同地方，讓他們平靜下來。

**步驟二：看，再次展示紀律**

人的腦容量很大，但是同一時間能專注的事情有限，所以行政人員或秘書應以各種方法提醒同仁遵守紀律。例如大家都知道開會應準時，卻不免因各種理由遲到，或是發言時間超過議程規定，因此行政人員要把時鐘掛在大家都看得到的地方，並與管理階層取得默契，建立起會議準時開始與準時結束的信譽。

## 平息會議衝突三步驟

當會議中有衝突時……

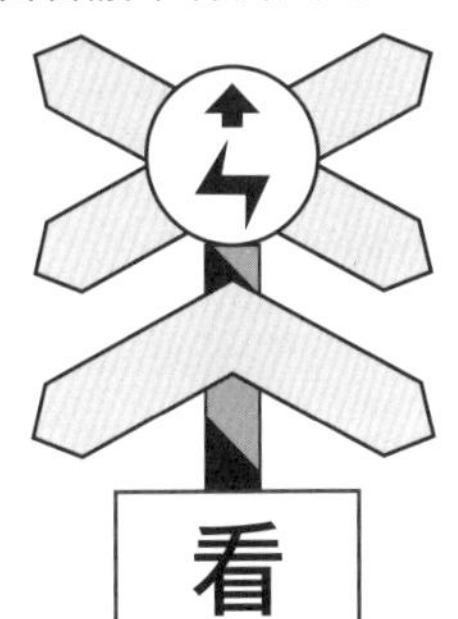

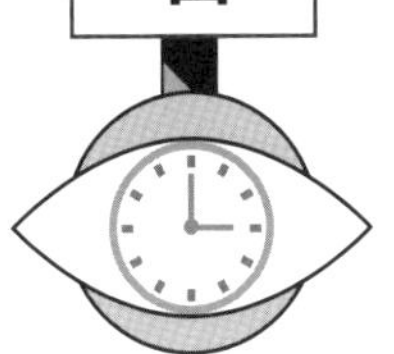


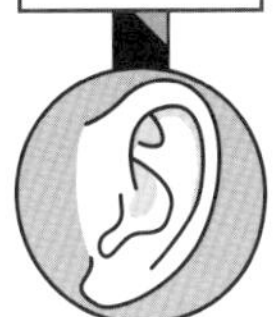


步驟一：防止衝突擴大　步驟二：再次展示紀律　步驟三：用同理心聆聽

會議排程

10:00~11:00
行銷部門 進度報告

11:00~12:00
工程部門 進度報告

在爭執發生的當下，是紀律最容易受損的時候，行政人員或秘書要協助重申紀律，並提醒同仁「下次我們要恢復原有的秩序」。

**步驟三：聽，用同理心聆聽**

等發生爭執的雙方情緒較平復後，聆聽他們的心情與想法，即使身為區區的新進助理難以撼動公司制度，但你會發現，當一名好聽眾可以為你贏得意想不到的友誼與好感。

## 軟性暗示的說話藝術

回顧開場故事，業務、研發部門主管的衝突，和行政人員的工作並沒有直接關係，扮演仲裁角色的，通常也不會是基層秘書。但身為會議記錄者，讓會議順利進行是工作的一環，因此仍要用軟性的暗示，提醒長官同仁「照規矩來」，並且讓他們支持你處理會議干擾的方法，協助會議順利進行下去。

# 4-7 運用科技，天涯海角都能開會

## 節省差旅費用，提升行政效率

「可惡，WiFi又斷線了！」

業務部門的同仁正七手八腳地架設直播攝影機，新進助理也到現場支援幫忙布置場地。現在業務部門主管正在數萬公里外的另一個時區，要向新客戶介紹公司團隊，當然，一整個業務部門都飛到新客戶公司自我介紹，太勞師動眾也太超出預算，權衡利害後，改為網路視訊會議，饒是如此，也搞得人仰馬翻——

「網路怎麼會這麼慢啊？」正在設定電腦的業務同事抱怨著。

「影像解析度太大了！這樣上傳會很慢，你還是接一條光纖網路啦。」

「等一下，你的桌面怎麼放偶像照片啊！」

「我超喜歡這個樂團的啦，他們的新專輯好聽耶……」

剛剛將印有公司商標的大背板就定位，居然聽到同仁好整以暇地聊起追星經驗，新進助理臉上掛滿黑線，心想在線上會議的重要場合，適合讓客戶看到與會者的私人興趣嗎？急忙遞過自己的隨身碟：「裡面有背板和Logo的圖檔，先用這個當桌布吧。」

## 簡易科技打造完美的視訊會議

視訊會議已成為現代化網路辦公室的核心設備，讓遠距離的工作團隊、客戶或合作夥伴，能夠即時面對面的溝通。當然不管設備如何先進，操作的永遠是人，而秘書、助理、行政人員，就是接觸並使用這些高科技工具的先驅者，熟稔的操作是先決條件，否則再先進的科技也只會帶來不便與災難。

基本上，除了一些常見的免費程式，企業會視需要自行購買視訊會議軟體，摸熟了之後，你就會發現它們的功能大同小異。除了操作技術，還有幾點視訊會議的行政管理事項值得注意，當嫻熟的操作與完備的管理雙管齊下，你就是完美視訊會議的催生者。

### 視訊會議的行政管理

在查詢時差及確認會議時間後，秘書、行政人員的基本任務還包括：提供雙方與會者背景資料，在會前撥接網路，並完成系統測試。此外，以下幾點事項也會影響到線上會議的順利與否。

# 運用科技進行遠距離會議

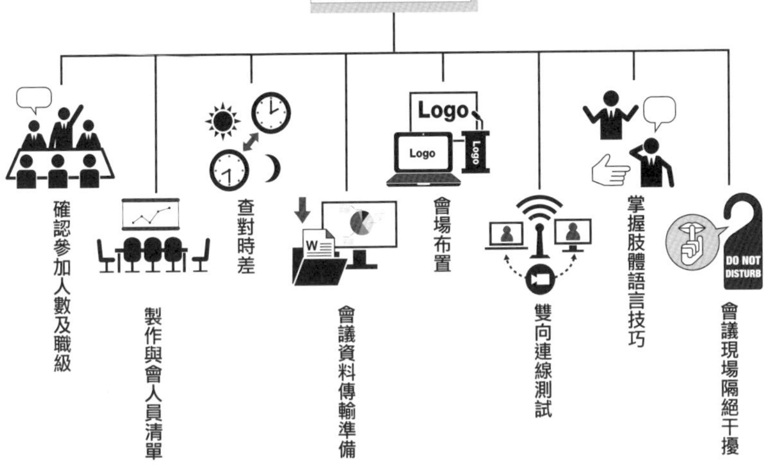

| 行政管理事項 | 說　　明 |
| --- | --- |
| 確認參加人數及職級 | 值得注意的是，很多免費線上會議軟體會有人數、流量限制，掌控人數才能計算需要多少頻寬。畢竟線上會議不比近距離的面對面接觸，有必要讓與會者明確認知彼此的身分、職級。 |
| 製作與會人員清單 | 標示各區別、職稱別以及與會人名，貼心地製作一目瞭然的位置圖表給主管備用。 |
| 查對時差 | 當召開跨國會議時，必須特別注意國際標準時間，挑一個與會者生理時鐘為「清醒」的最大公約數時段。 |
| 會議資料傳輸準備 | 將會議資料準備在一個資料夾內，並能以最短的時間開啟並分享。 |
| 會場布置 | 電腦桌面、會議室背景最好有企業形象識別系統（CIS）、標誌（Logo），同時別忘了一定要用最新的企業形象資訊，用到舊圖像可就尷尬了。 |
| 雙向連線測試 | 由於各地網路環境不一，與會者最好有基本網路設定的能力，並注意網路頻寬，盡量不要使用不穩定、流量小的網路或WiFi，必要時得請IT人員stand by，及時協助除錯。 |
| 掌握肢體語言技巧 | 有許多人覺得沒有聽眾、對著鏡頭自言自語很不習慣，全身會陷入死板僵硬的狀態，然而就是因為沒有面對面，肢體語言的技巧在視訊會議中格外重要——快想像你正面對一群反應熱烈的聽眾吧！ |
| 會議現場隔絕干擾 | 就算視訊鏡頭只拍到上半身，也盡量避免其他人、事、物及聲音介入干擾，維持會議品質。 |

## 從「已知用火」到「已知網路」

把一群人聚在一起開會，大概是早在人類知道用火時就已採用做為處理事情的方法了，而現代網路發達、人手一支3C設備，用網路開會是最經濟、最有效率的選擇，除了快速傳遞重要訊息、節省差旅費用，還能夠提升行政效率。

其實，要使用這些科技都不是難事，最重要的是：如何做好視訊會議的行政管理。相信閱讀過這一節的你，一定能夠快速上手，學以致用。

# 4-8 稱職行政人員的自我評估

## 表格化管理會議、記者會細節

一年一度的重要大展終於落幕了，在新產品上市記者會、貴賓訪場、技術研討會之前，還有好幾場前置會議、前期媒體宣傳必須跨單位進行，所有隸屬於行政類別的單位如公關、秘書等，全部忙得人仰馬翻。

「今年的狀況真是亂七八糟，召開會議叫全部工作人員進行檢討。」

什麼？雜誌專訪寫得算正向，媒體曝光度也到達預期，技術研討會四平八穩，老闆不慶功犒賞三軍，居然還要檢討？！新進助理心中嘀咕著。

「這次好多媒體來要產品照，但這種不正式的照片是誰提供出去的？我們沒請專業攝影嗎？」

「現場接待人員手機打來打去，有夠難看！我們不是有借無線電嗎？臨時壞掉也沒人會處理？！」

「投影機竟然不能用，怎麼沒人排除這種狀況？花這麼多錢拍的影片就這樣浪費了！我老早就覺得這個場地有問題……」

大家低著頭唯唯諾諾，心想這麼多枝枝節節，誰有本事全都顧到啊？

## 利用自我檢查表精益求精！

記憶力真的不可靠，與其憑經驗辦事，臨時再祈禱事情不要出包，不如將待辦事項依照時序，鉅細靡遺地條列出來，並利用 Microsoft Office 的 Note 系統，建立起一份可擴充的表單，隨時隨地確認自己的籌劃進度走到哪裡，並在活動落幕後完美收尾，讓會議、賓客接待 SOP 化，讓你不再忘東忘西！

會議及賓客接待自我檢查表，可分為三部分：前置作業、當日來訪前、來訪後，然後再分別根據該部分的需求與實際狀況，一一列出細項。

| 前置作業 | check |
|---|---|
| 相關資料蒐集 | |
| 行程表、歡迎海報、活動海報、會議資料、名牌、餐卡、座位表製作 | |
| 上公司簽呈（確認時間、場地、清潔工作） | |
| 聯繫相關單位： | |
| ☐方案詢問，對象：________，日期：________ | |
| ☐定案，對象：________，日期：________ | |

| | |
|---|---|
| □再確認，對象：＿＿＿＿＿，日期：＿＿＿＿＿ | |
| 受訪單位書面簡介預備 | |
| 公關禮品預備 | |
| 會場動線模擬（報到處、指示牌） | |
| 交通安排（地圖、派公務車、叫出租車） | |
| 場地確認（布置、清潔、空調） | |
| 攝影確認（□平面攝影、□全程側錄；□專業攝影、□同仁掌鏡） | |
| □茶水、□點心確認 | |
| 調配支援人力及行前訓練 | |
| 聯絡媒體（新聞稿發送） | |
| 其他：＿＿＿＿＿＿＿＿＿＿ | |
| **當日來訪前** | check |
| 工作人員服裝儀容確認 | |
| 工作人員隨身資料袋確認 | |
| 資料袋內容：□公制提袋、□無線電、□手機、□行程表、□原始簽呈、□相機、□名片、□筆、□便條紙、□來賓通訊錄、□受訪單位通訊錄、□禮品提袋、□合約草案、□其他：＿＿＿＿＿＿＿＿＿＿ | |
| 場地再確認 | |
| 以會前檢查表進行一次總檢查 | |
| 其他：＿＿＿＿＿＿＿＿＿＿ | |

## 會議管理的自我檢查流程

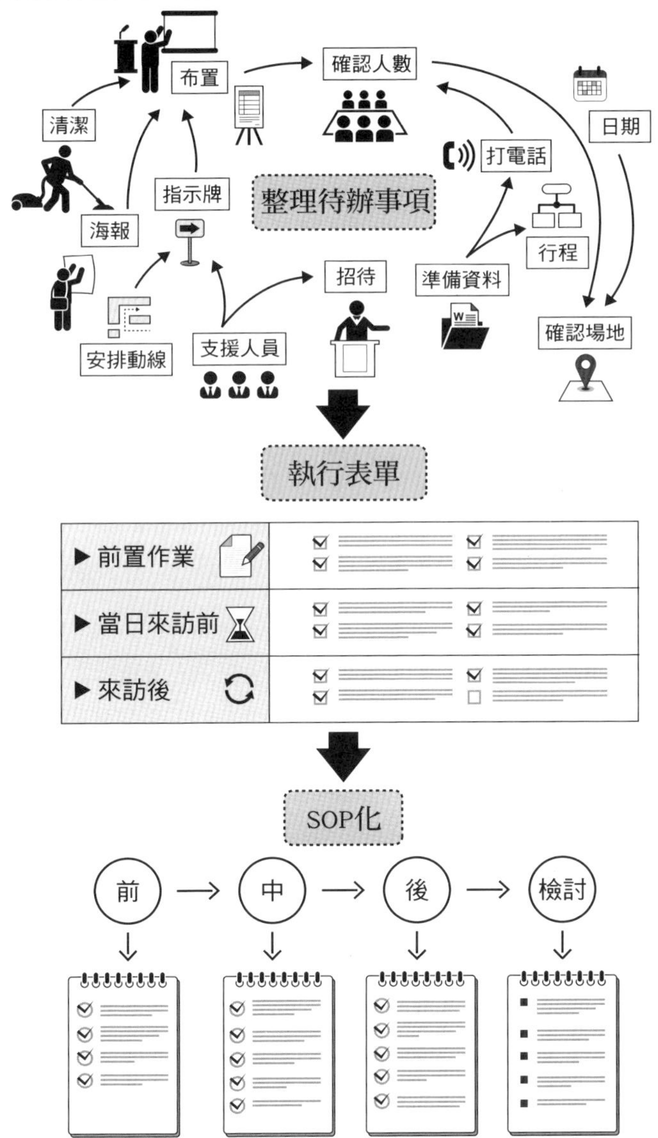

| 來訪後 | check |
| --- | --- |
| 歡迎牌、文宣品取回 | |
| 場地復原 | |
| 活動紀錄上傳至□公司網頁、□Facebook粉絲團、□其他：________________ | |
| 製作活動記錄表 | |
| 寄送□感謝函、□照片給來訪賓客 | |
| 發送會後新聞稿 | |
| 其他：________________ | |

## 用及時檢查代替事後反省

從錯誤中學習是很寶貴的經驗，但職場上只怕沒機會讓你一錯再錯，加上天有不測風雲，平時未雨綢繆的工作就要做好。回顧開場故事，幾乎所有老闆會抱怨的活動缺點，都可以在層層檢查中發現。

在事前仔細檢查、事發當下及時補救，顯然比事後反省、亡羊補牢技高一籌。你未必要是個對細節過目不忘的天才，只要善加利用自我評估表，就能帶著成功的特質笑傲職場。

第5章

# 任務管理術

**從點到線，從線到面，**
**我是任務達人！**

# 5-1 出差行程的安排，怎麼老是丟三落四？

## 行程規劃一二三：發揮一功力、運用兩表格、掌握三原則

老闆：「我這次出差住的飯店在市中心嗎？」新進秘書從e-mail中找到訂房紀錄，說：「在市中心，飯店會派車負責接機與送機。」

老闆：「行程表在哪裡？」秘書遞上行程表。

老闆：「聯絡人的電話有確認過嗎？當地有沒有租車？」

新進秘書說：「飯店有租車服務，聯絡人的電話我會再double check。」

老闆：「有告知飯店我會租車嗎？萬一當天沒車怎麼辦？會場很遠。」

新進秘書匆忙記下，說：「好的，我會提前通知飯店預約車子。」

老闆：「要簽的合約書呢？法務review好了嗎？」

新進秘書：「我等一下去問問。」

老闆又問：「別忘了幫我準備伴手禮。別跟上次送的一樣

就好，要重量輕、方便攜帶的。」

新進秘書低語：「上次送什麼？」

老闆心想：「看來我變成秘書的秘書啦！」

## 行程規劃一二三，從容不迫

主管出差之前，就是秘書或行政人員的忙碌高峰期，訂機票、訂飯店、安排接送、準備交通工具、約見客戶、任務支援、打點伴手禮……，繁雜而瑣碎，加上出發前的時間壓力，想要不煩躁也難。

儘管如此，只要有好方法，凡事都比老闆先一步到位，便能從容不迫地將行程安排得穩當妥貼。這種專業表現的秘訣就在於「行程規劃一二三」：發揮「整合」一功力，運用「檢核」、「行程」兩表格，掌握「周到」、「得體」、「經濟」三原則。

首先，為了避免疏失或遺漏，規劃行程前，拿出平日早已備妥的「商務旅行檢核表」（check-list），將本次行程需要安排的項目在「P（plan）欄」打勾，不需要的項目則空白、不做記號。每當你完成一個必要項目，便在「C（check）欄」打勾，等到要準備的事項欄位都有兩個勾時，表示該做的事項都做了，滴水不漏。表格中保留空白欄，可依實際狀況增減項目。

## 商務旅行檢核表

| P | C | 行前安排 | P | C | 證件、支付工具類 | P | C | 公司文件類 | P | C | 旅行用品類 | P | C | 其他 |
|---|---|---|---|---|---|---|---|---|---|---|---|---|---|---|
| | | 機位 | | | 護照（效期6個月以上） | | | 差旅行程表 | | | 個人替換衣物、鞋子 | | | 假單 |
| | | 通知相關人員 | | | 簽證（效期6個月以上） | | | 合約書 | | | 商務場合所需著裝（西裝、套裝、晚禮服等） | | | 出差申請單 |
| | | 訂房 | | | 機票 | | | 筆記本 | | | 個人常備藥物 | | | Phone-book |
| | | 租車 | | | 航空公司VIP卡 | | | 會議資料 | | | 個人盥洗用具 | | | 當地台灣辦事處資料 |
| | | 外地接送機 | | | 海外旅行保單 | | | 筆記型電腦 | | | 個人保養用品 | | | 地圖 |
| | | 接送機人員姓名與電話 | | | 黃皮書（防疫注射證明） | | | 手機、手機漫遊服務 | | | 雨具 | | | 當地氣候、時差、節慶、信仰、忌諱 |
| | | 出國行程表 | | | 國際駕照 | | | 相機、記憶卡 | | | 旅遊指南手冊 | | | 保險醫療緊急救難電話 |
| | | 轉機點出境 | | | 台胞證 | | | 充電器插座、電池、變電器 | | | 針線包、安全別針 | | | |
| | | | | | 出入境證 | | | 公司文宣品 | | | 萬用刀（托運） | | | |
| | | | | | 證照用相片2張 | | | 公司產品樣本 | | | 刮鬍刀（托運） | | | |
| | | | | | 飯店確認函或住宿券 | | | 住宿點地址、電話 | | | 指甲刀（托運） | | | |
| | | | | | 台幣、外幣旅行支票 | | | 租車服務地址、電話 | | | 泳衣、高爾夫球具等社交應酬用品 | | | |
| | | | | | 信用卡 | | | 名片 | | | | | | |
| | | | | | 各證件影印本 | | | 伴手禮 | | | | | | |

# 行程規劃一二三

## 發揮「整合」一功力

## 運用「檢核」、「行程」二表格

+

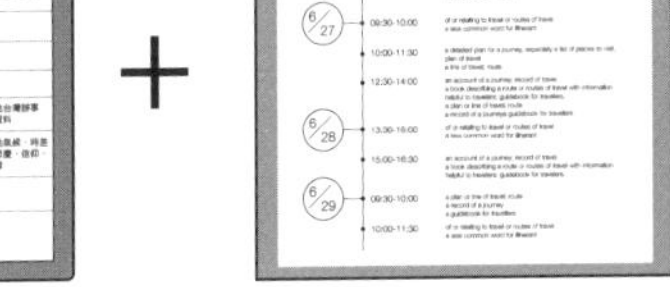


## 掌握「周到」、「得體」、「經濟」三原則

再來，就是發揮「整合」的功力，將之前逐一完成的項目統整為一份「多合一」的行程表。依照時間先後順序呈現，並列出詳細說明與相關訊息，包含：交通（班機、接送機、點到點的交通時間及方式）、住宿（飯店資訊、房型、房價、訂房確認代號）、拜訪行程（時間、地點、拜訪對象的姓名及抬頭、議程）、聯絡人電話簿、其他相關的行程資訊（當地天氣、時差、駐外辦事處資訊）等。如果是國外出差，要另準備好一份英文行程表，以利需要詢問時，可以直接出示。

「多合一」的整合將交通、住宿、會議、電話簿等等，整理成一份完備的出差行程表，讓主管一目了然，輕輕鬆鬆的按表操課，避免在忙碌的行程中浪費時間尋找相關資料。

## 周到、得體又經濟，展現專業與用心

最後，除了表單運用、工作檢核、行程表的「多合一」整合，還要清楚了解主管此行的目的，是參展、開會、視察、拜訪、談判，還是年節送禮全省走透透，目的不同，安排的考量自然也不同。住宿及搭乘交通工具的等級、商務旅行的喜好及習慣，都必須注意。尤其食宿交通要兼顧清潔、舒適、安靜、便利，讓主管減少旅途勞頓，順利完成公司交付的任務。

你說，這樣的行程規劃是不是很「周到、得體、經濟」呢？我們的用心與專業，主管絕對感受得到！

# 行程表範例（一）國內、中文

**董事長分公司視察及中南區尾牙行程**
**02/04（四）- 02/05（五）**
**台北→台中→嘉義→台南→岡山→高雄→台北**

## 交通

| 日期 | 高鐵 | 出發時間 | 到達時間 | 座位 |
|---|---|---|---|---|
| 台北→台中<br>02/04（四） | #713 | 15:36 | 16:33 | 6車8A |
| 左營→台北<br>02/05（五） | #762 | 21:54 | 23:54 | 6車8C |

## 住宿

台中永豐棧麗緻酒店　商務套房
地址：台中市中港路二段9號　Tel: 04-2326-8008　Fax: 04-2326-8060

## 去程接

台中高鐵站：中區李經理接董事長
駕車：台中→嘉義→台南→阿蓮→高雄→三民→岡山

## 回程送

左營高鐵站：南區黃協理送董事長

## 行程

| | | | |
|---|---|---|---|
| 02/04（四） | 17:15 | 豐原分公司 | 停留20分鐘 |
| | 18:30 | 中區尾牙—永豐棧 | |
| | | 住宿永豐棧 | |
| 02/05（五） | 10:30 | 出發 | |
| | 11:30 | 嘉義分公司 | 停留30分鐘+用餐1小時 |
| | 14:00 | 台南分公司 | 停留30分鐘 |
| | 16:00 | 高雄分公司 | 停留40分鐘 |
| | 17:00 | 三民分公司 | 停留40分鐘 |
| | 18:30 | 岡山、南區尾牙 | |
| | 21:15 | 前往高鐵站 | |

## 電話資訊

李經理：0913-XXXXXX
黃協理：0932-XXXXXX

| | | | |
|---|---|---|---|
| 台中 | 永豐棧麗緻酒店 | 台中市中港路二段9號 | 04-2326-8008 |
| 嘉義 | 噴水雞肉飯 | 嘉義市北港路289號 | 05-281-2917 |
| 岡山 | 海中鮮中華料理餐廳 | 高雄縣岡山鎮壽華路131號 | 07-622-5359 |

## 行程表範例（二）國外、英文

### ITINERARY FOR CK LIN
For: SXXC Visit / Cycle Time Study

| Jun. 26 | 07:40–12:00 | TPE – SIN | BR225 |
|---|---|---|---|
| 慶裕車行，陳司機<br>0911-988988<br>車號: 6688-NN<br>5:30am pick-up CK from home | | Hotel: Crown Prince Hotel Singapore<br>270 Orchard Road, Singapore 238857<br>Tel: 65-6732111 Fax: 65-67327018<br>Room: deluxe single Rate: S$125/night<br>Confirmation No.:#03064667<br>Period: 6/26(Check-in)–6/28(Check-out)<br><br>SXXC Co. Pte Ltd<br>70 France Ris Drive 1<br>Singapore 519527<br>Tel: 65-xxxxxxxx (general line)<br>Tel: 65-xxxxxxxx (DJ Chin)<br>Tel: 65-xxxxxxxx (Stella Fu / assistant to DJ)<br>Fax: 65-xxxxxxxx | |
| Jun. 26 | 1:30–3:00 | Meeting with DJ Chin, VP Operations and Monica Han, Senior Manager, Mfg Dept | |
| | 3:00–4:30 | Meeting with FF Chen,<br>Senior Manager, IE & Planning Dept | |
| | 4:30–6:00 | Meeting with Yong Win Kit, Manager,<br>PC/Training & Enhancement, Mfg Dept | |
| Jun. 27 | 09:30–10:00 | Operations Production Meeting | |
| | 10:00–11:30 | Factory Tour, Yong Win Kit, Manager | |
| | 07:00 pm | Dinner with DJ Chin/Monica Han/Yong Win Kit at Jumbo Seafood Restaurant | |
| Jun. 28 | 13:10–17:25 | SIN–TPE | BR226 |

Remark:
The hotel also provides a one-way complimentary car pick-up transfer to SXXC office. Upon checking-in, please inform the hotel reception in advance the time you would like to have the car pick-up to leave the hotel for SXXC office.

# 5-2 我也是專業的差旅代辦

## 篩選重要行程，善用零碎空檔

執行長即將飛往紐約洽商，同時在一場同業技術高峰會發表演說，這位日理萬機的高層只丟了一句指示：「幫我做好行程規劃。」

資深秘書Sophia飛快地查航班、訂機票、找飯店，新進秘書才剛接過執行長的護照、證件封包，印出差旅攜帶用品提示單，彷彿是上天要考驗他們能有多忙，電話、mail與簡訊也蜂擁而來——

採購部門：「重要供應商A還有競爭者B、C都想拜會執行長，幫忙安排一下，切記表面工夫要做好，別讓他們碰頭。」

業務部門：「我們的大客戶會去參加附近的慈善高爾夫比賽，務必替執行長排這個行程！」

公關部門：「在紐約的校友會舉辦晚宴，執行長受邀致詞，請預留國內、外媒體採訪時間。」

執行長夫人：「校友會後，執行長希望前往老友的別墅小酌一番，派司機駕車，私人行程謝絕採訪。」

執行長代理人：「我需要執行長抵達紐約的行程表、日常行程表。」

時間就這麼幾天，卻要塞入排山倒海的行程，下面還有七、八條未讀訊息，新進秘書已經手軟不想點下去了……

## 電腦e化提醒，人腦篩選、配置、查核

看到上一節中洋洋灑灑的「商務旅行檢核表」（參見148頁），不少人已經開始覺得頭痛，好在現在清單、行程表都可以e化編寫擴充以及自動提醒。這樣看來，似乎有電腦就夠了，人還要做些什麼？

人腦在行程安排中，最重要的工作有三項——篩選、配置與查核。

差旅時間寶貴，篩選便是依據行程的必要性，來決定要或不要。

決定好必要行程之後，人、事、時、地、物該怎麼配置，趕往不同地點都需要交通時間，所以能在一個地點安排完畢的會面、參訪，盡量都在同一地點完成，交通時間太長的行程應斟酌。

而線上地圖工具估算的時程，會議、見面時間都可能因現實狀況而有誤差，應該再抓鬆一點，預留緩衝時間，以免陷入趕場、遲到、沒時間準備的惡性循環中。

當然，別忘記最後的查核工作！電腦程式未必能發現的矛

## 行程安排，雙「腦」並用

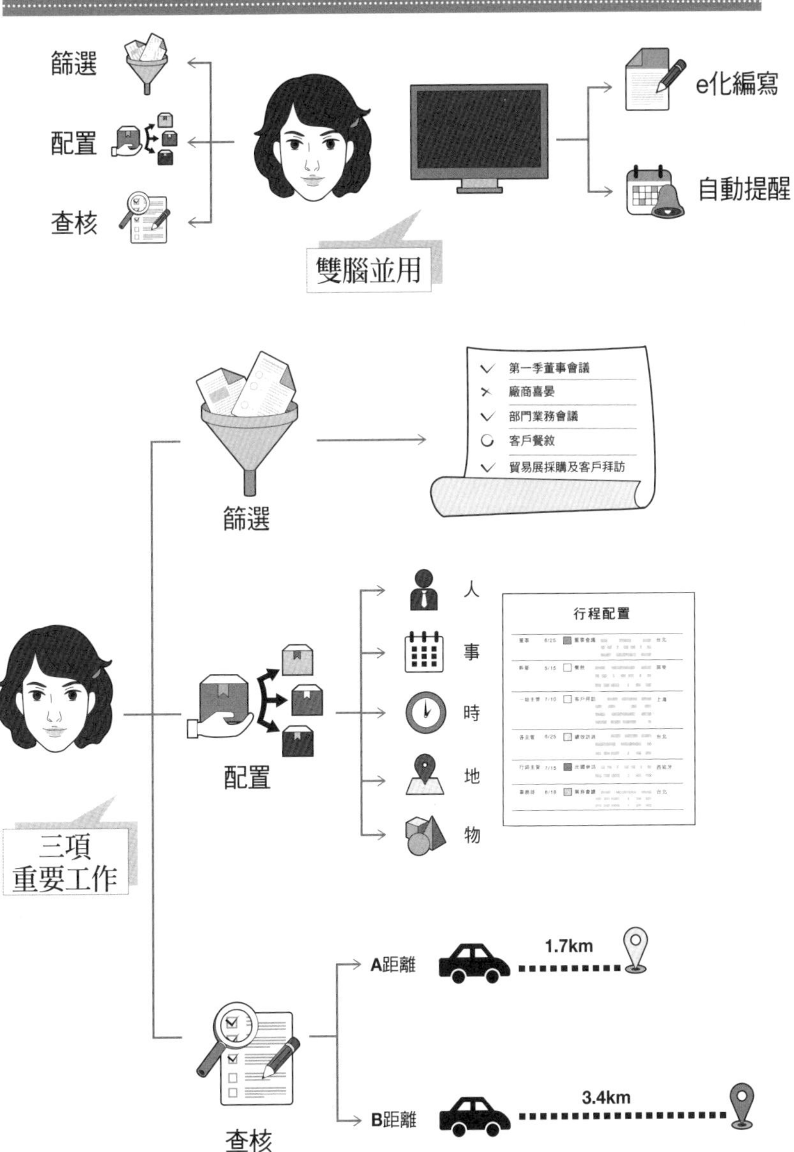
篩選
配置
查核
e化編寫
自動提醒
雙腦並用
第一季董事會議
廠商喜宴
部門業務會議
客戶餐敘
貿易展採購及客戶拜訪
篩選
人
事
時
地
物
行程配置
配置
三項
重要工作
A距離
1.7km
B距離
3.4km
查核

盾與錯誤，只有人腦可以解決。

## 讓每個行程的人事時地物都到位

好的行程表和壞的行程表的差別，就是前者能讓使用者在有限的時間內，完成了該做的事情。

考慮主管的差旅狀況，妥善配置了「人、事、時、地、物」這五大元素，並且貼心提醒主管何時有搭機、搭車的零碎空檔，讓對方可以善加利用處理事務。這樣電腦與人腦的完美結合，你不用在旅行社歷練，也能成為專業的差旅代辦！

# 5-3 老闆不在家，我變小管家

## 讓差旅與日常無縫接軌

執行長出國洽商十來天，行政工作的負荷完全沒有減輕的跡象。資深秘書Sophia一手撕了張MEMO便條，一手遞過一疊公文夾，「這是本週要出去的急件，我已經送過估價單，也跟執行長報告過了，把這堆請購單拿去請代理人簽核吧。」

「執行長那裡還有什麼消息嗎？」

「沒有，只叫我們看好家，等他回來就有得忙了。」

「現在難道不夠忙嗎？」新進秘書將公文夾放上爆滿的推車，準備去各部門當總收發。

「到時候一定是報帳、寄謝卡、海量報告一起來，大夥兒準備加班吧。」

聽聞此言，新進秘書深覺自己要懂得品味當下這「只有一般忙」的時光，這時好友在Facebook分享了一張照片，新進秘書趁起身跑腿的機會瞄了一眼手機，忍不住噗哧一聲。

「什麼這麼好笑？」鍵盤敲打得如行雲流水的資深秘書問到。

「你知道嗎？有議員出國考察，報告書只寫了『夭壽讚』

三個字就算交差了！真希望我們也能比照辦理。」

「這沒天理啊，把我的稅金還來！」

## 出差中溝通，差旅後做工；建檔整理後，「麻煩」全清空

老闆出差不在家的時候，許多同仁會比平時放鬆心情，有些秘書甚至能趁機請個年假忙裡偷閒。當然，公事在主管出差時也要順暢運作，落實代理人制度，別讓工作掉在地上。順口溜「出差中溝通，差旅後做工」，是秘書、行政人員應奉行的工作秘訣。

### 出差中「溝通」

與代理人配合、來往信件處理、電話留言紀錄與分類、重要查核事項通知……這幾件事，都是「溝通」的功夫。替出差者、代理人建立起暢行無阻的溝通橋樑，不推遲、漏掉任何事。

### 差旅後「做工」

差旅費報銷、撰寫出差報告書、寄發感謝函與感謝卡、更新重要事件行事曆，並將簡報檔、名片、會議專案與樣品等物資整理建檔，是差旅後逃不掉的雜工，要避免被雜事追殺的壓

## 主管出差中、差旅後的行政工作

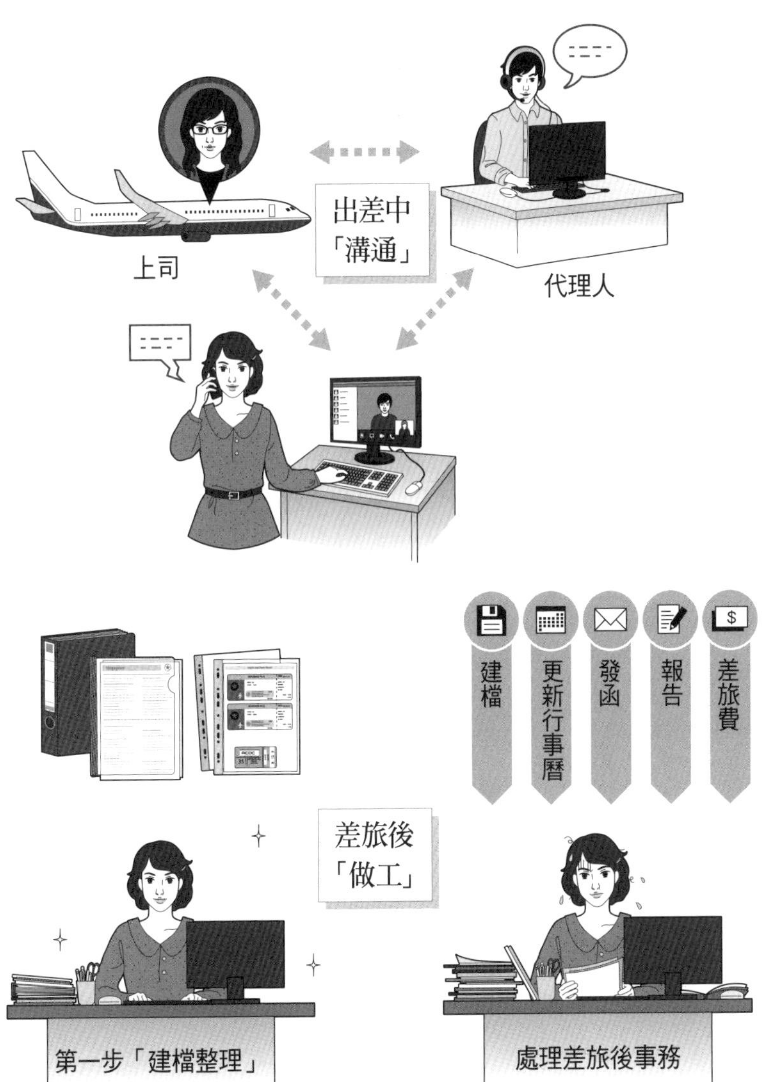

力別無他法，就是把事情做完。

**建檔整理後，麻煩全清空**

如果對排山倒海的雜事感到無從著手，不妨第一步從「建檔整理」開始，這樣就有所本可以去做後續收尾，也不會在寫出差報告時茫無頭緒，便能順利將麻煩事全部清空。

## 管家的專業——主人不在也辦事圓滿

一則老笑話：街上有兩個人手裡拿著鏟子，前一個在挖土，後一個填補被挖出來的洞。路人看著奇怪，忍不住問這兩人在做什麼？「我們在種樹。」路人問樹在哪？「中間那個放樹苗的人今天請假。」路人聽了直呼怎麼能不知變通到這種程度！兩人卻異口同聲道：「老闆沒有要我們這麼做。」

大的組織內，每名成員都像小螺絲釘，但不該因為少了某個人，原本該做的事情就運作不下去！「老闆沒說就沒做」更是擔任秘書的大忌。優秀的秘書應該向「管家」看齊，所謂管家的專業，就是步步設想，尤其在主人出門時，協調好家務分工，把事情處理得井井有條，讓主人回來時能無縫接軌。

# 5-4 終極秘書跨國救援

## 我是老闆的FedEx——使命必達！

在與台灣有十三小時時差的美國東岸，執行長正開著出租汽車，載著行李、合約與筆記型電腦前往機場準備返國。

一間霓虹招牌閃亮的玩具量販店矗立在交流道旁，巨大的卡通圖案看板，吸引人們前來體驗購物的美好，執行長心血來潮，決定多買幾份禮物送給兒子女兒，於是方向盤轉個彎進入量販店停車場，就帶著皮夾手機，開心地下車採買。

台灣時間星期六凌晨六點，新進秘書的手機忽然鈴聲大作，原本還以為自己設錯鬧鐘，沒想到竟是執行長跨海求救：「我被偷了！有小偷敲破車窗，護照、電腦和行李都不見了！」

「呃，知道了，我馬上來處理……」

「動作快，最好能讓我趕上三小時後的飛機！」

## 備份、保險、拜神，永遠有備無患

主管同仁在國外遇到疑難雜症，除了急電家人，經常需要公司行政人員進行跨國救援。

遇到沒見過的問題會慌亂是人之常情，但身為後勤，一定要展現可靠的一面，穩定軍心，掌握「備份」、「保險」、「拜神」三大要訣，讓你成為使命必達的FedEx！

## 備份：護照身分證影本存底

現在雲端存取技術發達，但護照、身分證這些重要證件，存成電子檔心裡還是毛毛的！秘書在替主管辦理出國手續前，應該將重要證件複印紙本存底，同時也要將承辦旅行社、境外租車公司的聯絡方式隨身攜帶，以便立即找出能夠聯繫主管的管道。

## 保險：必保旅遊平安險

旅遊平安險可以粗略分為三種，一種屬於人身保障，在被保險人遭遇意外傷害事故時；第二種屬於產險，外出洽公旅行時行李遺失、文件重置都可以歸類在此；第三種屬於責任險，被保險人的疏失導致第三人傷亡或財物損失，可就保險額度內申請賠付。

許多保險公司提供線上試算服務，並推出壽險、產險、責任險三合一的套餐，其中也包含額外費用給付，如住宿及旅行費用、文件重置費用、行程延遲補償費用等，能一次購足保障。

## 危機處理的準備與應變

備份
影印本
電子檔
保險
壽險
責任險
產險
Insurance Policy
「拜神」
Google
護照遺失_
SEARCH
中華民國
REPUBLIC OF CHINA
TAIWAN
護照
PASSPORT
FedEx

**「拜神」：請Google大神加持**

人腦不是電腦，有時無法立刻反應過來，而冷知識如「在國外弄丟護照該怎麼回國？」只要輸入關鍵字「護照」、「遺失」，Google「大神」就會告訴你。

若在國外停留時間很短，來不及在國外申請補發一本新護照，可以向最鄰近的駐外館處申請一份〈入國證明書〉，等到回台灣後，再準備好證件前往外交部各辦事處，申請補發一本新護照。

## 動用萬全準備下的資源隨機應變

如果開場故事中的執行長動作快，趕上駐外館處的〈入國證明書〉補發時間，就能趕上原訂班機。假使趕不上，只要出國前有投保產險類的旅遊平安險，因意外遺失證件，或因天災等因素導致行程延遲產生的費用，都可以向保險公司求償。

要進行遠端協助，最要緊的莫過於搞清楚狀況，動用所有萬全準備下的資源隨機應變，除了將損失降到最低，也能展現你強大的危機處理能力。

# 5-5 那許多件禮服的祕密

## 宴會婚禮的賓客邀請與管理

董事長的掌上明珠要結婚了！毫無意外地，執行婚禮專案的重責大任，就落在秘書肩上。老董指定在氣派的大飯店舉辦婚禮，達官顯貴的賓客名單更是落落長一大串，新進秘書除了負責打電話連絡，調查貴客們是否有時間出席、攜伴人數、吃葷吃素、喜帖送件地址，還要替他們安排座位。

「王董會來嗎？能讓他與郭董同一桌嗎？」「林總夫人說她會帶小孩來，那我要幫她留幾個座位啊？」「黃老闆的秘書說不確定時間，那什麼時候能確認？」「張執行長吃素，要安排素桌還是訂素套餐？」「嚴部長的公子居然是老董女兒的前男友！！老董邀了嚴部長，那嚴公子怎麼辦？」原本以為自己只是個 call-out 中心，哪料得到會跳出這麼多問題，新進秘書的腦袋簡直要爆炸了。真奇怪，宴會不就是大夥兒打扮得美美地出席就好了嗎？怎麼有這麼多事情要操煩啊？

## 用excel掌握每一位賓客動向

大家都希望宴會場面風風光光，來賓冠蓋雲集。但現代人生活忙碌，工作狀況更是瞬息萬變，有時一個臨時變卦，上級無法責怪貴客，最辛苦的行政人員難免得扛起「讓圓桌缺了一席」的黑鍋。

「我都連絡了，他不來，我有什麼辦法？」與其等事情發生後找人訴苦，不如早早按表操課，做好萬全準備。當秘書、行政人員在接到宴會、婚禮專案時，妥善利用excel表格，分成「受邀人」、「連絡資訊」、「確認時序」、「宴會參與細節」等四大項目，便能確實掌握每一位貴客的動向。

### 受邀人欄位

包含賓客姓名、攜伴對象，而賓客是請帖的收件人，除非賓客攜伴的對象也是受邀人，才並列姓名，不然在受邀人姓名之後寫上「闔第光臨」即可。

### 連絡資訊欄位

最好能夠直接連絡受邀人本人，不然也要備齊連絡人或代理人的連絡方式，室內電話、手機、e-mail和請帖寄件地址必備，其餘資訊越詳盡越好。

## 確認時序與宴會參與細節

第一次電話邀請，最好在宴席兩個月前，告知對方將舉辦宴會，確認出席意願。這時要同步充實連絡資訊欄位，宴會參與細節也要先詢問，若對方表示還不確定是否出席，則在第二次確認時進行。

**宴會賓客出席調查表格範例**

| | | | |
|---|---|---|---|
| 受邀人 | 賓客姓名 | 郭董 | 王董 |
| | 攜伴對象 | 郭夫人，素套餐 | 王夫人 |
| 連絡資訊 | 連絡窗口 | 陳秘書 | 林特助 |
| | 電話 | | |
| | 手機 | | |
| | E-mail | | |
| | 請帖寄件地址 | | |
| 確認時序 | 第一次電話邀請（月/日） | 出席 | 出席 |
| | 第二次請帖確認（月/日） | 已寄到，會與夫人出席 | 已寄到，會與夫人出席 |
| | 第三次電話確認（月/日） | | |
| 宴會參與細節 | 交通 | 開車 | 開車 |
| | 住宿 | 雙人湖景套房 | 雙人湖景套房 |
| | 葷素 | 1葷1素 | 2葷 |
| | 備註 | 司機須便當 | |

雖然已進入電子化時代，但紙本參考資料仍有存在的必要性，請帖除了是正式通知，也代表了主辦單位的慎重，應在宴會三星期到一個月前寄出。第二次確認須致電詢問受邀人收到卡片與否，並再次確認宴會參與細節，若對方需要住宿，這時就該預約。

第三次電話確認，適合在宴席開始前三天進行，給賓客最後確認的時間，讓所有需要和餐廳、飯店等第三方預約的事項，有彈性處理的緩衝時間。這時受邀人出席狀況應該掌握在95%以上，而桌次不要掐得剛剛好，仍須有保留席次或保留桌，以應變現場的突發狀況。

## 從繁瑣中展現你的從容與智慧

宴會籌備通常要在一季以前進行規劃，婚宴的籌劃時間更是長達六個月甚至一年，許多人常好奇，為什麼要準備這麼久？反反覆覆地連絡，究竟是浪費時間，還是不得不然？

一名優秀的行政人員，在慶賀的場合中，除了衣裝美麗之外，也應該善用時間序列表格管理自己溝通的成果，從繁瑣的細節中，展現你的從容與智慧。

## 用excel管理活動籌劃

**受邀人欄位**
- 賓客姓名
- 攜伴對象

**連絡資訊欄位**
- 連絡窗口
- 電話
- 手機
- e-mail
- 請帖寄件地址

**確認時序**
- 第一次電話邀請
- 第二次請帖確認
- 第三次電話確認

**宴會參與細節**
- 交通
- 住宿
- 葷素
- 備註

在細節中，展現從容與智慧

# 5-6 小額採購過五關

## 有為有守，建立良好報帳制度

每天開完晨會，大老闆照例要喝一杯熱騰騰的拿鐵，再開始接下來以十五分鐘為單位的緊湊行程。因此，新進秘書每天晨會前都會從大老闆手中接過一張百元鈔票，前往隔壁連鎖咖啡店報到，店長只要看到新進秘書推門進來，就會反射性地立刻開始煮咖啡，接下來新進秘書就端著熱拿鐵，與發票、零錢一起交給大老闆。

這個慣例持續了半年，直到部門業務輪調了一位新特助，行事老練的他自告奮勇接下買咖啡的任務，但他卻將一百元退還給大老闆，「大老闆您這麼辛苦，這點小錢就算公司的，我來幫你報銷。」

「什——麼！」新進秘書簡直不敢相信自己的耳朵，「遊戲規則不是這樣的，這筆錢怎麼可以報公帳！現在他幫老闆報，我以後如果不比照辦理，豈不是要黑掉了？!」

## 查核五關卡：依規定辦理，沒講明時建立默契

行政人員經常面臨許多臨時性的小額採購，舉凡訂便當、飲料、替上司跑腿，而這些採買，可能處在公司公務與老闆私利的模糊地帶，這時究竟該怎麼處理？

若有明文規定在先，當然依照公司規範辦理，至於那些沒講明的潛規則，先通過五個查核關卡，再與相關人員取得默契，做事才不會動輒得咎。

### 第一關：自己

沒錯，第一關就是你自己。不要覺得身為「區區」新進秘書人微言輕，遇到問題依舊需要獨立思考，畢竟每一筆開銷都是經過你的手，無論如何都有一份責任在。

最好的劃分法，就是去想想這筆開支符合哪一種核銷項目？是用在公務的成分比例高？還是私利的比例高？如果超過自己的權限，別忘詢問公司前輩或採購驗收人。

### 第二關：驗收人或前輩

驗收人通常是直屬上司，或者是較資深的公司前輩，他們能在險惡的職場上生存到今天，一定熟知公司小額採買的生態，「路長在嘴上」，快去向他們請教。

### 第三關：單位主管或老闆

錢要怎麼花，決定權最終還是掌握在老闆手上，如果老闆口頭告知：「這次就用公費訂點心。」在照辦之前，最好還是取得白紙黑字的授權紀錄，例如e-mail、簡訊、即時通訊息，以免發生誤解與糾紛，反而讓自己揹了更大的黑鍋。

**第四關：會計**

會計應該是獨立於各部門的第三方，若要以公款支應開銷，必然要說服會計，所有收支流程也是他們最清楚，相信會計也是很好的諮詢對象。

附帶一提，如果你就是會計室主管的秘書，那可能要跳關到第五關。

**第五關：稽核**

在有制度的公司中，稽核將會查驗公司的各項表單與帳目，並糾舉需要改善或不符合規範之處。過往有哪些被糾舉的前案可循，也是一名優秀的行政人員可借鏡之處。

## 有技巧地堅持正確的事

大家一定會好奇，開場故事中的新進秘書該怎麼辦？

其實最好的解方，莫過於堅持正確的事。新進秘書未必要怪新同事破壞規則，或怪老闆不該貪小便宜，技巧性地問：「老闆，要不要存放一筆咖啡儲值金在我這邊？每個月我還可以幫您對發票喔。」相信有為有守的你，就能化危機為轉機。

# 查核過五關

第一關
自己
x1
Level 1
BUY
第二關
驗收人或前輩
x2
Level 2
第三關
單位主管或老闆
x3
Level 3
第四關
會計
x4
Level 4
0133
$
第五關
稽核
x5
Level 5
APPROVED

# 5-7 辦公室風水大哉問

## 兼顧效率與習俗的搬遷術

有錢人在意的事情真的不一樣！大老闆注重風水，長官買房要依山傍水，新進秘書只求租屋處不要漏水，因此當老闆第N次退回新辦公室規劃的格局圖，新進秘書的心情，比屢屢遭退稿的廠商更無奈。

老闆除了要新進秘書叮囑廠商，空間規劃得「圓融些」，新進秘書還沒弄懂方正的隔間怎樣布置才算圓融，老闆就欽點在某個黃道吉日得完工、搬遷OA家具，並且要幾個特定生肖的同仁一起參與喬遷拜拜。

「有屬龍、屬馬與屬猴的同仁嗎？」新進秘書開始滿辦公室走訪詢問，同仁們立刻七嘴八舌地騷動起來：「確定要搬了？何時要搬啊？搬去哪裡？去哪裡領紙箱？能拿幾個？到時候我要坐哪裡？」

結果同一件事情，前前後後講解了七八遍，依舊有人有聽沒有懂，卻又以訛傳訛，擔任流言終結者的新進秘書簡直疲於奔命，不由得後悔自己怎麼沒先發一封搬家通知群組信……

## 講究開運風水，善用工具清楚溝通！

搬遷辦公室豈止是捲鋪蓋而已？堪輿、裝潢的決定權在老闆，而執行的責任則落在行政人員肩膀上。善用網路工具與一些小撇步，能讓工作更順利。

### 對裝潢與OA廠商：善用線上協作工具

抽象的口頭敘述容易造成誤會，修改草稿的一來一往間曠廢時日，發生錯誤的責任歸咎也夾纏不清，採取線上協作的模式，讓每一筆修改都清楚明瞭，立刻就能眼見為憑。

即使不會畫室內設計圖也沒關係，使用線上協作工具，如室內設計圖繪圖網站，或是應用入門的空間配置軟體等套用模組，無論是2D平面圖還是3D模擬，都能輕鬆規劃，讓新辦公室呈現在眼前。

### 對同仁：訂出時程，統一e-mail溝通

辦公室搬遷時，同仁需要負責的不外是「準時收好自己的東西」，因此訂出明確時程後，就統一e-mail告知搬家日期、打包時間、紙箱包材的領取地點，若同仁有疑問，就自行前來詢問。等到搬遷告一段落後，要進行拜拜或歡慶會等，再以另外一封不同主旨的e-mail通知即可。

**對習俗；搞懂老闆，尋找最迅速的替代方案**

講究效率的今天，根本不可能處處依照黃曆辦事，何況每本黃曆的內容都不盡相同，這時先詢問老闆相信哪個版本，然後尋找最迅速、省事的替代方案。

例如一間公司可能有上百套OA家具，要在兩小時的「良辰」內組裝、配置完畢需要大量人力，若裝潢公司無法配合，則可以選出一張代表桌，刻意歪斜擺放，等吉時再來扶正。

面對不勝枚舉的習俗，自然有多不勝數的因應辦法，對習俗的認知與因應，務必與老闆清楚溝通、白紙黑字記錄下來，避免被誤會因人為過失影響辦公室風水。

## 辦事妥當，事業自然風生水起

從看風水、溝通新辦公室裝潢、統計大件家具與包材數量、連絡裝潢與搬家公司、收納公共區域與自己的物品、檢查水電線的配置、布置新辦公室、準備喬遷拜拜……這一連串的事情，除了開啟一個專案進行管理，最重要的莫過於與各方妥善地溝通。若能良好溝通，辦事必然更有效率，事業運自然風生水起。

## 裝潢、搬遷溝通術

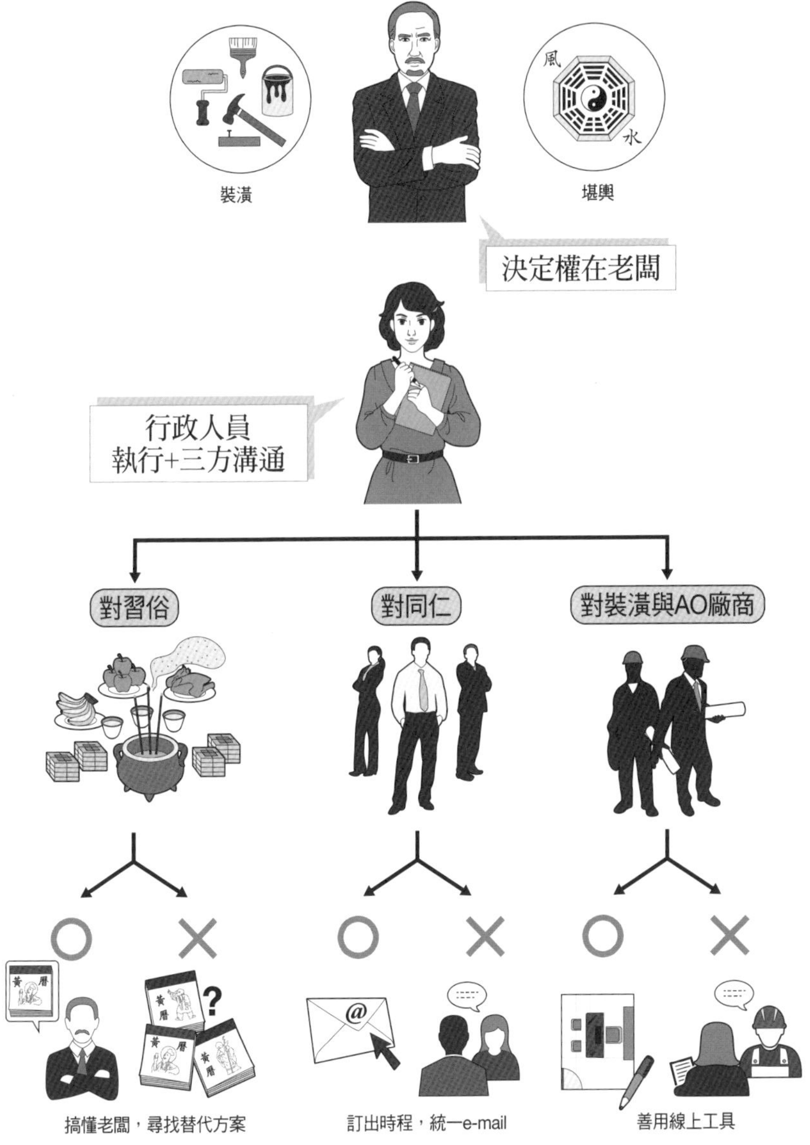
裝潢
風
水
堪輿
決定權在老闆
行政人員
執行+三方溝通
對習俗
對同仁
對裝潢與AO廠商
黃
曆
搞懂老闆，尋找替代方案
@
訂出時程，統一e-mail
善用線上工具

## 5-8 我就是籌劃尾牙春酒的A咖！

### 發揮內部創意與才藝，匯聚公司向心力

去年，公司請到一位在為新EP宣傳的宅男女神主持尾牙。當時間來到眾所期待的最高潮——大獎摸彩，台下鼓譟著要董事長多捐幾個大紅包，主持人也跟著嬌滴滴地撒嬌：「吳董您如果不donate，自己『暗坎』大紅包，等一下出去會被綁架喔。」

此話一出，現場上百桌人員頓時鴉雀無聲，賓客員工人人臉上掛了三條線，董事長更是臉色鐵青，場子立刻冷到最高點——原來多年前，董事長遭擄人勒贖的案件，攻佔了各大報與新聞台的頭條，從他歷劫歸來至今，公司內部從沒人敢在他面前提到「綁架」二字。

DJ趕忙播出喜氣洋洋的音樂掩蓋過尷尬，但這件事還是造成影響，從此以後，公司尾牙春酒都不外聘藝人了，表演主持全部換成員工自己來。

捧著節目Rundown，新進秘書聽說去年主管們上台跳騎馬舞，想必今年要穿狐狸布偶裝跳「What does the fox say」，並表演上菜秀。部門同事也摩拳擦掌，不僅特意減重，還添購幾套閃亮亮的國標舞禮服，發誓要拿到「最佳表演獎」……

# 尾牙就要好玩、好吃、好大獎

接近舊曆年，行政人員除了要應付排山倒海的例行工作，也經常是公司福委會、尾牙籌備小組的必要成員。而在景氣緊縮時，公司第一個縮編的就是娛樂與福利的費用，能在尾牙檔期請到A咖藝人的企業屈指可數。

其實，尾牙、春酒這類屬於同樂會性質的活動，重點是同仁覺得自己參與了多少，把同仁變成協作者、參與者，遠比只當觀眾、聽眾更有趣。

## 找到「好玩、好吃、好大獎」的平衡點

大家都期待尾牙春酒有三好：好玩、好吃、好大獎。話說尾牙春酒的經費，提預算規劃時就已經確定了，在「資源有限，慾望無窮」的情況下，設定尾牙春酒的主題，如「香榭巴黎舞會」、「星光大道」、「多金馬戲團」等，製作出呼應主題氛圍的請帖，賦予活動規劃無限創意，同時也能撙節開支。

## 從內部發掘才藝創意

什麼是公司最夯的話題？哪個哏很容易引爆大家的笑點？最了解這些的人，就是一整年都在公司服務的同事們。

平常大家忙於公務，鮮少展現個人的興趣與個性，趁尾牙的機會讓同仁盡情發揮，這時就會發現辦公室內臥虎藏龍，埋

首寫程式的工程師，可能拿起麥克風後就變成情歌王子。

**摸熟潛規則與公司禁忌**

活動中要拿捏搞笑的尺度，弄清楚什麼可以說、什麼不能說。如果覺得無論如何都綁手綁腳，那就開自己的玩笑、說別人的好話，十之八九不會出錯。

**炒熱氣氛永遠是第一要務**

當好玩的感覺出來了，普通的桌菜也會變得可口，一般的獎項也變得格外有紀念意義，因此炒熱氣氛是第一要務，善加利用內部創意，會讓你事半功倍。

## B咖公事公辦，A咖替同仁累積歡樂回憶

「公事都忙不完了，怎麼連尾牙春酒的規劃都算在我頭上？」必須比老鳥做得更多，彷彿是菜鳥的宿命。事實上，老鳥們也是這樣走過來的，與其心情不平衡，不如思考如何將活動辦得有聲有色，展現自己的軟實力。

全方位規劃一場賓主盡歡的尾牙春酒，不僅能替老闆完成獎勵三軍的重任，也能為同仁累積歡樂的回憶，讓你從一名「普通的」行政人員，躍升為活動籌劃的A咖。

## 成為籌劃大型活動的A咖

# 第6章

# 工作回報術

## 面面俱到的向上溝通術

# 6-1 老闆失憶了嗎，一問再問是為哪椿？

## 事情不必等老闆問，前中後三段式主動回報

老闆百百種，每位老闆對秘書的要求都不一樣，而新進秘書的老闆屬於事必躬親型，對大、小事都保持高度關切，使得新進秘書每天都有很多事情要向老闆報告。

老闆：「研發部的新品開發進行到哪裡？研發部經理來報告最新進度了嗎？」

新進秘書：「上午我請研發部經理將最新進展e-mail給您，而且內容我也列印出來放在您桌上了啊。」

老闆：「那就好。我下週哪天去日本？」

新進秘書：「下週三，我替您訂好早去晚回的長榮班機，您打算使用累積的哩程數嗎？」

老闆：「好，就用掉吧，飯店呢？」

新進秘書：「和往年一樣的飯店。」

老闆：「那家飯店房間有點小，我想換一家，最好是靠近六本木一帶。」

新進秘書心想：下班前需要報告的事又多一項了……

# 工作回報綜合許多面向

向主管回報工作進度或成果，可說是一門綜合的藝術，牽涉到時間、場合、內容的掌握，以及你對主管的了解和彼此的默契，沒有公式可套用，唯有靠個人揣摩，找出自己的SOP。

### 主管是哪個類型？

想要研擬一套最佳的工作回報術，必須先從了解主管的類型開始，為了決定日後報告的主要形式，在此簡單歸類為讀型（read）或聽型（listen），前者通常以閱讀書面報告為主，後者則依賴秘書、行政人員口頭說明重點。釐清主管類型之後，還要知道主管是否喜歡了解細節，或是僅要求知道結果，務必先弄清楚主管的習慣，再採取最適合主管的報告方式。

### 如何拿捏報告的節奏？

至於報告的節奏該如何拿捏才好呢？若是主管親自交代的工作，最好能隨時準備好向主管更新進度；特別是碰到困難時，更要注意時效性，在第一時間讓主管知道你的狀況。千萬不能有鴕鳥心態，一旦狀況變糟，不僅要花更多力氣處理，主管對於你的工作態度的評價也會大打折扣。

假使被指派處理期間較長的工作，比方說為期一個月的專案計劃，可以將工作期間區分出前、中、後三段。在前期的籌備階段，一週內應該進行數次報告，中間的執行階段則一週報告一至兩次即可，到了最後的結案階段，再回復一週內進行較密集的報告，讓主管掌握最新進展及可預期的成果。

**如何掌握報告內容的重點？**

在報告的內容方面，記得按照邏輯排列先後順序，有把握的事項先報告，一件事的報告時間，盡量在一分鐘內完成，不必將過程一一詳述。若是採取書面報告的形式，也要有清楚明白的架構，或條列或分段，盡快陳述結論。最忌諱的是「我手寫我口」，通篇充滿口語，或是逐字進行工作的實況報導，讓主管讀到臉上冒出三條黑線，還抓不到重點。

## 報告的即時性

當主管在外出差時，即使主管沒有問，秘書、行政人員仍然要主動回報工作進展，無論是透過手機簡訊、電子郵件、通訊 App 軟體均可。尤其是出現問題或危機狀況時，更應該盡快連絡上主管，詢問解決問題的辦法，千萬不要獨斷獨行，以想當然耳的心態處理，反而會誤事，或錯失危機處理的契機，導致情況變得更加難以收拾。

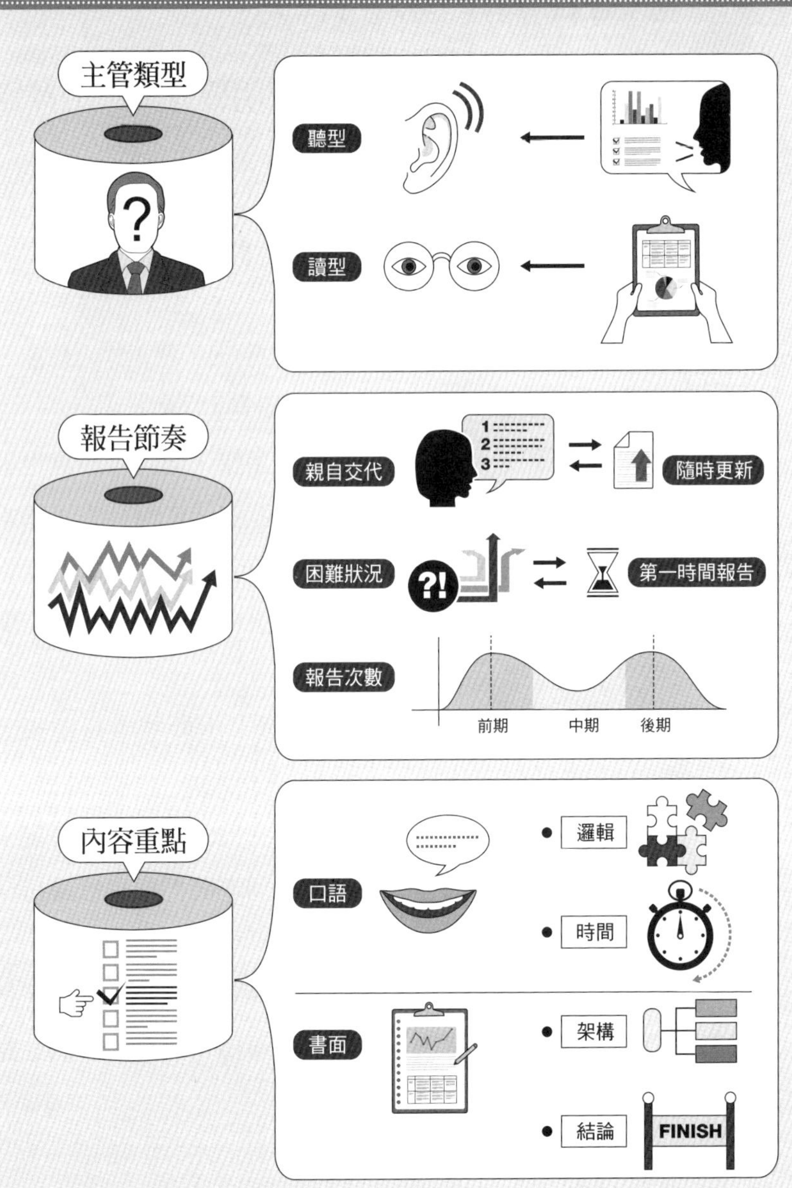
工作回報面面觀
主管類型
聽型
讀型
報告節奏
親自交代
1
2
3
隨時更新
困難狀況
?!
第一時間報告
報告次數
前期
中期
後期
內容重點
口語
邏輯
時間
書面
架構
結論
FINISH

# 6-2 叫我麻辣助理TPO

## 工作回報，掌握正確時機，謹守明確立場，選擇適當場合

新進同仁Rose即將擔任財務部協理的助理，在正式上任前，公司安排她先跟著資深秘書Margaret見習。

據Margaret觀察，Rose的工作態度不錯，與同事相處也融洽，唯一的問題就是有時有點搞不清楚狀況，偶爾會在不適當的場合做出不適當的發言。加上財務部協理屬於年輕的青壯世代，平常從不擺主管的架子，結果似乎讓Rose掌握不到主管與部屬之間應有的職場分際。

這日，召開協理級以上的主管會議。由於董事長還未到場，總經理和幾位協理便聊了一些週末的活動。

聽到總經理常去高爾夫球場揮桿時，Rose自言自語說：「新聞報導蓋高爾夫球場很不環保，為何老闆們都喜歡邊打球邊應酬啊？」

雖然她的音量不大，卻讓一旁的資深秘書Margaret捏了把冷汗，內心吶喊：「要怎麼提醒她改進這個可能會致命的缺點啊？」

## 工作回報的「鐵三角」：時機、立場與場合

秘書、行政人員與直屬主管之間的應對或回報，每一回合都充滿了變數，除了前一節提到的時機相當重要以外，詳細判明各自的角色立場和場合氛圍，同樣不可輕忽。唯有能夠掌握住正確時機（Timing）、明確立場（Position）和適當場合（Occasion），才算具備了工作回報的「鐵三角」。

### 掌握正確時機

以幫主管代接電話來說，這雖是秘書、行政人員的基本工作之一，如何過濾、判斷，箇中仍有許多「眉角」。好在基本原則只有一個：弄清楚來電者與主管的交情程度，藉以判斷這通電話是否要即時轉接給主管。

基本上，來電者若是透過公司總機轉接，肯定與主管交情不深，可以先替主管留言，再由主管決定回電與否；若是撥打主管的專線電話，至少能確定雙方交換過名片，可視來電者要和主管通話的主題，判斷留言或將電話轉給主管接聽。但是有一個例外要注意，就是「主管的主管」至上，除非當時主管真的有不可抗力的因素，像是不在座位上或正在接聽其他電話，否則務必立刻將電話轉接過去。舉一之後跟著反三，信函、電子郵件、企劃書等文書類，也可依循提出者和主題，做為該何時向主管報告的判斷依據。

### 謹守明確立場

身為秘書、行政人員的你，要謹守自己的立場乃是協助主管順利推展業務，而非主管的代言人，在沒有獲得充分授權的時候，千萬不要越俎代庖，代替主管回覆或回絕對方，而是視情況做出判斷，要採取立即回報或彙整留言後一次回報。

### 選擇適當場合

再者，現今高階主管普遍年輕化，相對地較不重視職場的上下關係，而能夠接受部屬以平輩的方式相處。可是主管不擺架子，並不代表秘書、行政人員就可以把主管的隨和當隨便，忘記向主管報告時應有的禮儀。在沒有其他人的場合，主管或許不介意你的口氣、態度較為輕鬆，甚至開小玩笑，但若是在大型會議或客戶面前，仍用這種態度對主管說話，就非常不恰當。在正式的公務場合，也不適合向主管傳達非公務性質的訊息，例如家人的來電留言，因為可能會讓主管顯現非專業的一面，所以平常就要把眼睛擦亮，分辨什麼場合說什麼話，別人才會覺得你的主管用人有方。

### HOLD住全場的麻辣人物

保持心態正確、認知清楚，不管跟隨哪一種主管都能輕鬆上手，再加上好的禮數和世故，助你從此不再白目，變身為職場上冷靜HOLD得住全場的麻辣人物。

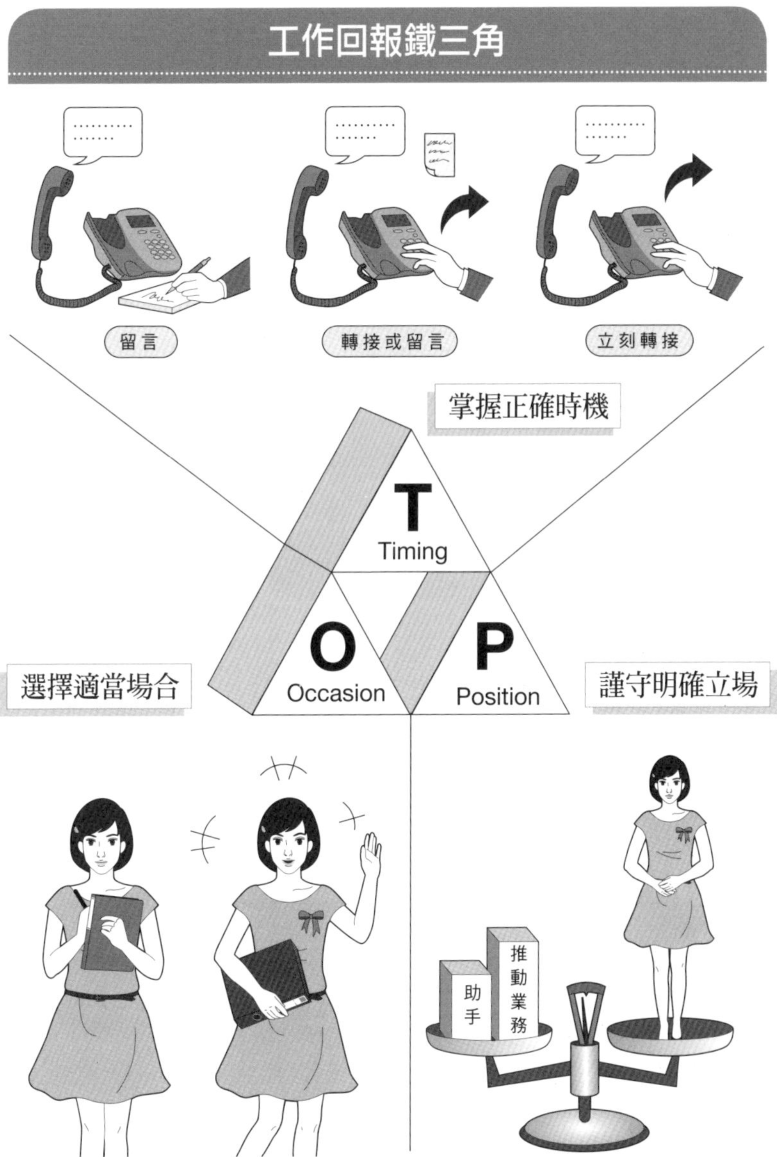
工作回報鐵三角
留言
轉接或留言
立刻轉接
掌握正確時機
T
Timing
O
Occasion
P
Position
選擇適當場合
謹守明確立場
助手
推動業務

# 6-3 當老闆問重點在哪裡時……

## 5W1H菁華超濃縮，給我一分鐘，我給你全部重點

每到年度預算審議會的前夕，全公司下上無不緇緊神經，經由部門主管指示，全力做好各項準備工作。

老闆：「我們部門的決算表在哪？」

新進秘書：「您面前這份紅色資料夾裡面就是。」

老闆：「這個總金額沒問題，可是執行的細項須再補充說明得清楚一點。年度結案報告書呢？」

新進秘書趕緊將手中的結案報告遞給老闆審核，心中卻有一種不祥的預感。

老闆：「這是誰做的報告？數據引用得亂七八糟，文字寫得落落長，當作寫小說啊？你先口頭報告一下結論給我聽。」

新進秘書翻看報告書，一時之間竟找不到重點向老闆回報。

老闆：「你都看不懂的報告，還呈上來？拿回去重做！你要盯緊一點嘛！」

新進秘書帶著被老闆退回的報告書回到座位，思考該怎麼重做，最後才不會又被老闆「打槍」呢？

## 工作回報別走單行道

工作回報這件事，對一般上班族而言，很輕易就會被視為一件單向的工作，只要選擇適當的時機、照實向主管報告，一切便大功告成。但是做為秘書、行政人員的你，如果也把工作回報想得如此簡單，可就大錯特錯了，因為主管對你的要求，絕對比你想像得多更多，要是沒有做好萬全準備，包管你會頻頻遭受主管的怒火攻擊，職場生涯苦不堪言。

工作報告就如同參加一場網球對打，秘書、行政人員和主管之間，必須有來有往，而且雙方最好具備相當的實力，球賽才能進行下去。因此，希望將工作回報做到盡善盡美的話，「5W1H」的必勝報告術，就是幫你變身報告達人的致勝王牌。

## 「5W1H」的必勝報告術

「5W1H」原本是新聞報導寫作的規範，透過提出：何事（What）、何人（Who）、何時（When）、何地（Where）、為何（Why）、如何（How）等上述「六何」，並加以解答，撰寫出能夠讓讀者理解的新聞，之後則被廣泛應用在撰寫各種報告上面，當然也適合秘書、行政人員拿來準備工作報告，將需要回報給主管的內容簡單扼要地歸納出重點，讓主管能在短時間內迅速理解。

### 如何靈活運用「5W1H」？

至於報告內容究竟需要涵括全部「5W1H」或僅使用部分，端視情況而定，可以自行變通運用。像是報告主管的會議行程，可能僅需要用到前面四項；若是回報年度工作結案報告，勢必要把「5W1H」全數用上。

### 抓出重點中的重點

該上場向主管進行工作報告時，最理想的狀況，是在一分鐘內說完所有重點菁華濃縮，完全不需要多加形容、贅述，直接切入重點即可，同時避免使用口頭禪。如果是提出書面報告，多加利用圖表、表格、表列式呈現重點，附表下方可增加適切的文字說明，敘述原因或分析結果，但切忌冗長，一切以簡明、圖文並茂為最高原則。

## 「全知」的回報狀態

不管是口頭或書面報告，主管當下想知道的通常只有結果，可是這不代表你可以只知其一、不知其二，忽略掉過程，而是應該要做到讓自己保持「全知」的狀態，清楚掌握所有流程、細節，等到主管心血來潮問起時，你照樣能夠對答如流，這才是真正的專業喔！

## 有重點的工作回報法

靈活運用「5W1H」

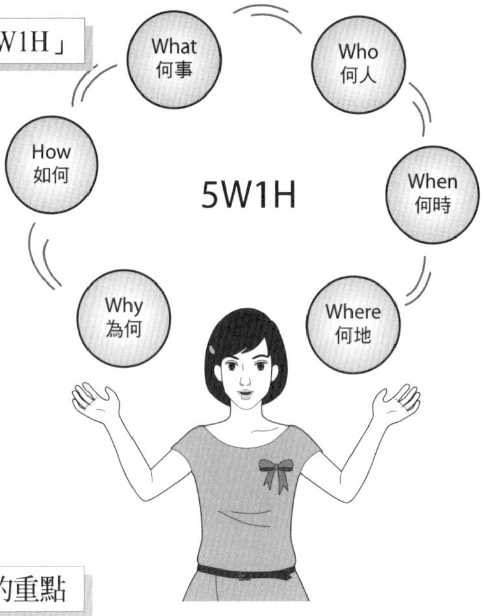

抓出重點中的重點

# 6-4 老闆怒火比天高，第一個找我當出氣包？

## 工作回報前必看的「三情面」：心情、事情、感情

這一天從一大早起，辦公室便籠罩在一股山雨欲來的氣氛之中。

先是看見總經理的神色鬱鬱，各部門經理馬上提高警覺，等到董事長帶著一臉寒霜現身公司，全員自動進入戒嚴狀態。

老闆：「請通知經理級以上幹部，我要召開臨時主管會議。」

新進秘書立刻銜命而去，在半小時內邀齊各級主管進會議室，並事先請同事協助準備茶水、文件等。

新進秘書：「老闆，所有主管都到齊，您可以到會議室開會了。」

老闆：「你一起來，順便做會議記錄。」

進到會議室時，行政助理還在準備茶水，桌上卻沒有開會用的文件，投影機也還未設定好。

老闆：「這是怎麼回事？什麼都還沒弄好就叫我來開會？

你是怎麼處理事情的？」

新進秘書心想：老闆的怒氣一觸即發，這下該如何才能全身而退啊？

## 高EQ化解怒火危機

主管發怒的情況，在職場上絕對不是什麼新鮮事，但是能把充滿煙硝味的場面，以具體明確的處置化解，才稱得上是PRO級的秘書、行政人員喔！

首先，要釐清一個事實，主管的怒氣基本上都不是針對你個人，特別是秘書、行政人員通常是主管在工作上最常接觸的對象，也是負責回報訊息的人，所以會比較容易直接承受到來自主管的怒氣。因此，千萬不要把它當做是人身攻擊，反而應該轉個念頭，認為是被主管當成自己人，主管才會較無顧忌地在你面前釋放怒火。從另一方面來看，則是得以藉機更深入地了解主管的反應和情緒模式，以便應用在日後的工作配合上，也不失為一個收穫。

## 回報的「三情面」觀相術

不過，想讓職場氣氛保持和樂，還是有方法的，尤其是回報工作進度、成效時，學會「三情面」的觀相術，保證能讓主管滿意、你開心。

**心情面**

一般來說，主管的心情好壞，是影響你能否圓滿達成訊息回報的主要變因，除非你的主管徹頭徹尾是個喜怒不形於色的高人，否則你一定能感知到主管當下的情緒波動，判斷此刻是否合適向主管報告工作事項。主管處於好心情，自然一切好辦，假使碰到主管心情欠佳，訊息內容的緊急程度也非十萬火急，可以考慮略延後回報；如果不幸遇上「火山爆發」的情況，或可斟酌是否先向主管的職務代理人回報，當然先決條件是，要回報的事情並不重要。

**事情面**

看懂心情面後，再來則是能清楚看懂事情面，究竟對主管的輕重程度為何。必須讓主管第一手知道的重要訊息，就別顧慮主管心情如何，抓緊時機立刻回報才是上策。要是擔心挨罵，扣住訊息沒有通報，事後絕對會承受主管更大的怒氣。

**感情面**

最後但並非最不重要的，是要看你平常和主管「交培」的感情面。若是雙方互動良好，即使你帶去的是壞消息，相信主管爆發的怒火，多少會控制一點，畢竟你是在盡力完成分內的

## 工作回報必看「三情面」

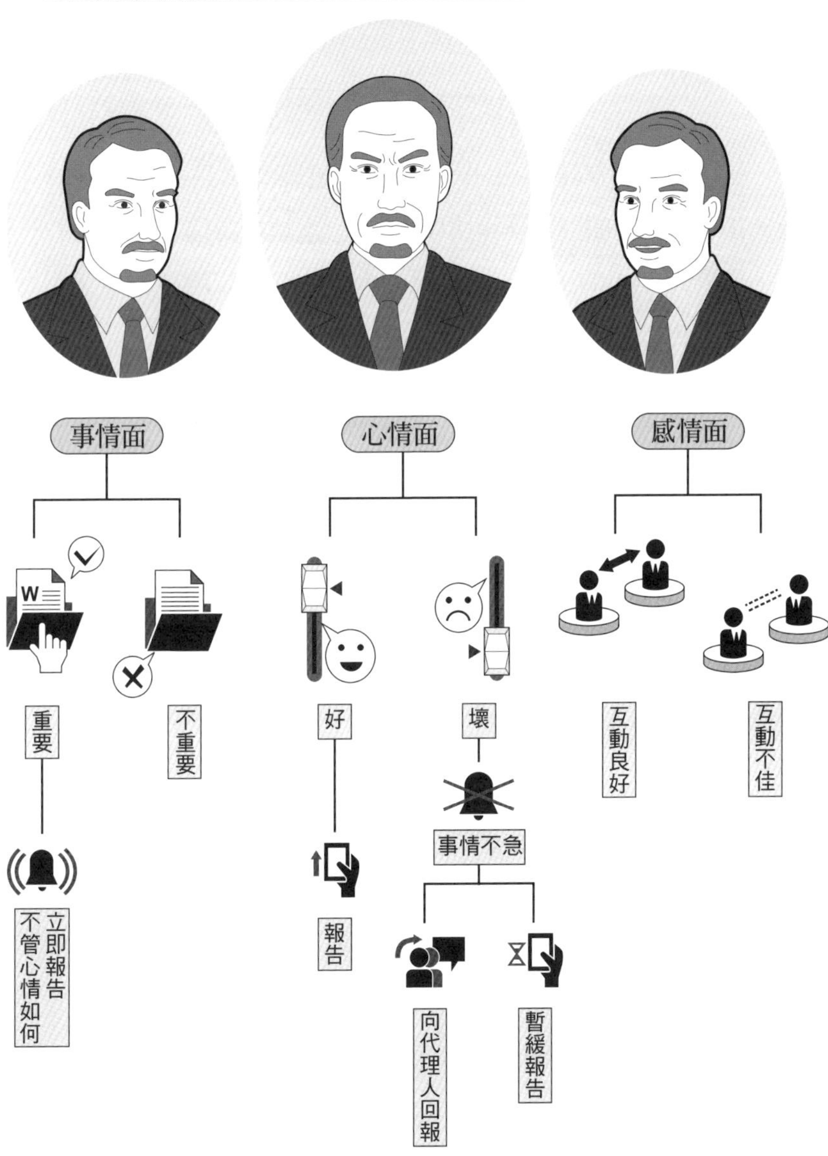
事情面
心情面
感情面
重要
不重要
立即報告
不管心情如何
好
壞
報告
事情不急
向代理人回報
暫緩報告
互動良好
互動不佳

職責。

## 今天比昨天更專業

秘書、行政人員的工作，或許永遠沒有拿到一百分的一天，但也因為如此，正好可以期許自己永遠維持追求完美的心態，面對每一天的工作，讓自己的今天比昨天表現得更專業，工作起來也會更有動力和樂趣。

# 6-5 別踩到工作報告的地雷

## 自備「情報衛星接收器」，外探勘、內感測，內外雙修

面對多變的市場情勢和產業環境，新進秘書總是努力利用機會，廣泛接觸與公司所屬業界有關的各種訊息，特別是加強自己對於法規方面的認識，以便對應老闆不時的提問。

經過一星期的海外出差後，剛過九點，老闆就出現在辦公室裡。新進秘書看看老闆的氣色，似乎已從出差的疲勞中恢復過來，心情也很平穩，於是趕緊上前報告上週的工作事項。

老闆：「這次我去參訪合作廠商的生產線，廠長詢問我最近國內對原料使用的法令規定，據說增加了一些限制，下個月就會正式實施，這件事你知道嗎？為什麼沒有在我出發前先放進我的備忘錄裡？」

新進秘書：「抱歉，我還沒收到這方面的訊息。」

老闆：「真是的，你要在我出國前，就先調查清楚嘛。」

新進秘書內心暗地叫苦：「明明都有在關心法令規範，怎麼偏偏漏了這一條呢？」

## 自備「情報衛星接收器」

稱職的秘書、行政人員，對於主管來說，有如不可或缺的左右手。畢竟推動各項工作業務時，多虧了有秘書、行政人員擔任先行者的角色，事先替主管將行政面打點妥當，讓主管無後顧之憂，才能全心思考策略面、組織面，專注於制定較高層級的決策。不僅如此，視情況需要，秘書、行政人員最好還能身兼智囊團，為主管收集必要的情報並提供建議，讓主管對外推展業務時，能夠知己知彼，無往不利。

由於秘書、行政人員的工作事項實在是包山包海，想要做得稱職，還真的非得自備一個「情報衛星接收器」不可，以便因應主管隨時的提問，不至於腦袋空空，一句話都答不上來，淪為主管怒火下的犧牲者。而這個情報衛星接收器的功能，主要用在兩方面，一是對外探勘，掌握外界情勢；再者，是對內感測，了解公司動向。

### 對外探勘，掌握外界情勢

置身資訊大爆炸的時代，使用對外功能時，先決條件是要能掌握所屬產業的專業性，才有辦法辨別外界資訊，究竟能否為己所用。其次，必須與主管有一定的默契，深入了解主管在工作上採取的布局、策略，運用聯想力，去找出關聯性的情報，提供給主管做參考。

## 工作情報的內、外接收器

對外探勘
掌握外界情勢
對內感測
了解公司動向
●培養產業專業
●辨別資訊
●找出與上司布局、策略有關的情報
●觀察「辦公室政治」
●避免衝突對立
●不當「包打聽」
消息地雷
情緒地雷

### 對內感測，了解公司動向

儘管不想承認，但不得不面對的現實，就是公司組織內必定會出現的「辦公室政治」，而情報衛星接收器的對內功能，主要發揮在透過你的個人觀察、同事耳語等管道，去了解公司高層的決策動向，會影響到主管推動的業務與否，或是平常在公司內部與主管不對盤者有誰，在會議、飯局的席次安排時，該如何設置，避免造成衝突對立的情形等。但是這項功能必須仰賴你巧妙的運用，才不會害自己變成辦公室裡的「包打聽」或「八卦放送站」，那就得不償失了。

## 掌握工作情報，不再一問三不知

如果你對於工作的回報，還只侷限於工作進度及成效的報告，從現在起，請快快建立新的認知，幫自己安裝一個情報衛星接受器，隨時掌握與工作相關的情報，主動向主管回報最新業界資訊、法令規定、競爭同業的動向等，從此擺脫主管一問你卻三不知的窘境。如此一來，主管的怒火自然會消弭於無形，你也不必老是被炸成一堆灰撲撲的砲灰啦！

# 第7章

# 零碎時間管理術

## 善用每一分鐘，輕鬆走向成功殿堂

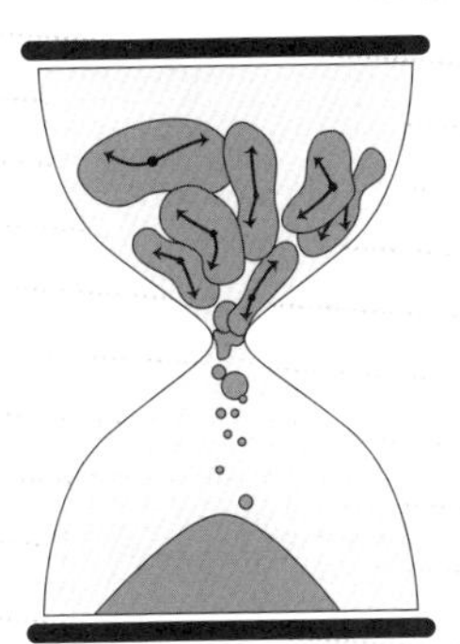

# 7-1 例行工作、突發狀況一起來，時間永遠不夠用？

## 四大象限擺心頭，流程預演存腦中，工作快又好

提早十分鐘進辦公室，是新進秘書固定的工作習慣。她總是利用這十分鐘，為自己沖泡一杯咖啡，並在心裡切換心情狀態，從「居家模式」迅速進入「上班模式」，然後開啟一天的工作。

當她埋首處理例行的信件回覆時，手機響起。

上司：「我臨時有些私事要辦，今天就不進公司了。」

秘書：「總經理，下午兩點業務部、行銷部要報告下一季新商品的業績目標和廣告策略，除非您通過提案，否則沒辦法繼續進行。」

上司：「通知大家，看看是否延到明天或後天吧。」

才結束與總經理的通話，手機又響了。

「您好，我是××企業人力資源部的Amy，下個月初到貴公司工廠參訪的行程表，可以麻煩您提前在今天給我嗎？」

新進秘書忍不住心裡O.S.：怎麼例行工作還沒處理多少，突發狀況就接二連三……

# 修煉零碎時間管理術

何謂零碎時間管理術，簡單來說，就是掌握工作時間分配要領、妥善運用零碎時間完成任務。對於身為主管左右手的秘書、行政人員來說，這不僅是必修學分，還要高分通過才行，所以得用心、用力地修煉，以求日臻佳境。

尤其秘書、行政人員在職場上的角色有其特殊之處，除了本身分內的工作，還常常要承擔一部分來自主管交辦的任務，以及多方折衝、協調，內容相當繁瑣，若再加上突如其來的工作要求，眼看著手上的事情越積越多，實在令人心急如焚，擔心自己無法順利完成各項任務。

## 以四大象限確認優先順序

此時，你需要做的就是在心頭默默畫個十字。別誤會，不是要你向天主祈禱，而是趕快利用區分事務「重要性」、「緊急度」的四大象限，來幫助自己決定當下面臨的工作，究竟應該如何排序。首先，確定每項待處理工作的性質，並將之劃歸到所屬的象限：「重要又緊急」（第一優先）、「重要但不緊急」（第二優先）、「緊急但不重要」（第三優先）、「不緊急又不重要」（第四優先）。如此你便清楚掌握了至關重要的優先事項，以及可以暫緩處理的事項，接著即可從容地分配時間，逐一解決手邊的工作，而不會將時間浪費在焦慮中。

**流程預演，先將工作流程順一遍**

決定出優先順序後，要有效率地完成工作，第二項必備的秘密武器就是「流程預演」。在實際動手做事之前，先在腦海中預想一下完成當天工作所需的條件、可能遭遇的困難、需要主管或部門同事協助之處，甚至為可能出現突發的新工作預留時間。透過流程預演，等於是將工作流程「走」過一遍，還可以從中找出不合理的流程安排和時間設定，進而能夠順應工作的內容，保持時間的彈性安排。同時，更具有穩定心理的作用，讓秘書、行政人員能夠以不變應萬變，展現專業、幹練的形象。

## 五分鐘也是重要的時間單位

時間的零碎與否，大多是根據自己的認定。與其將五分鐘、十分鐘視為零碎時間，倒不如把它們當作一個時間單位，然後規劃結合幾個時間單位，看看足以完成哪一項工作，這樣才是更高段的作法。

總之，看起來簡單的四大象限和流程預演法，實為秘書與行政人員的兩大內功心法，請時時放在心上，日日拿出來演練，直至爐火純青的程度！

## 運用零碎時間兩大心法

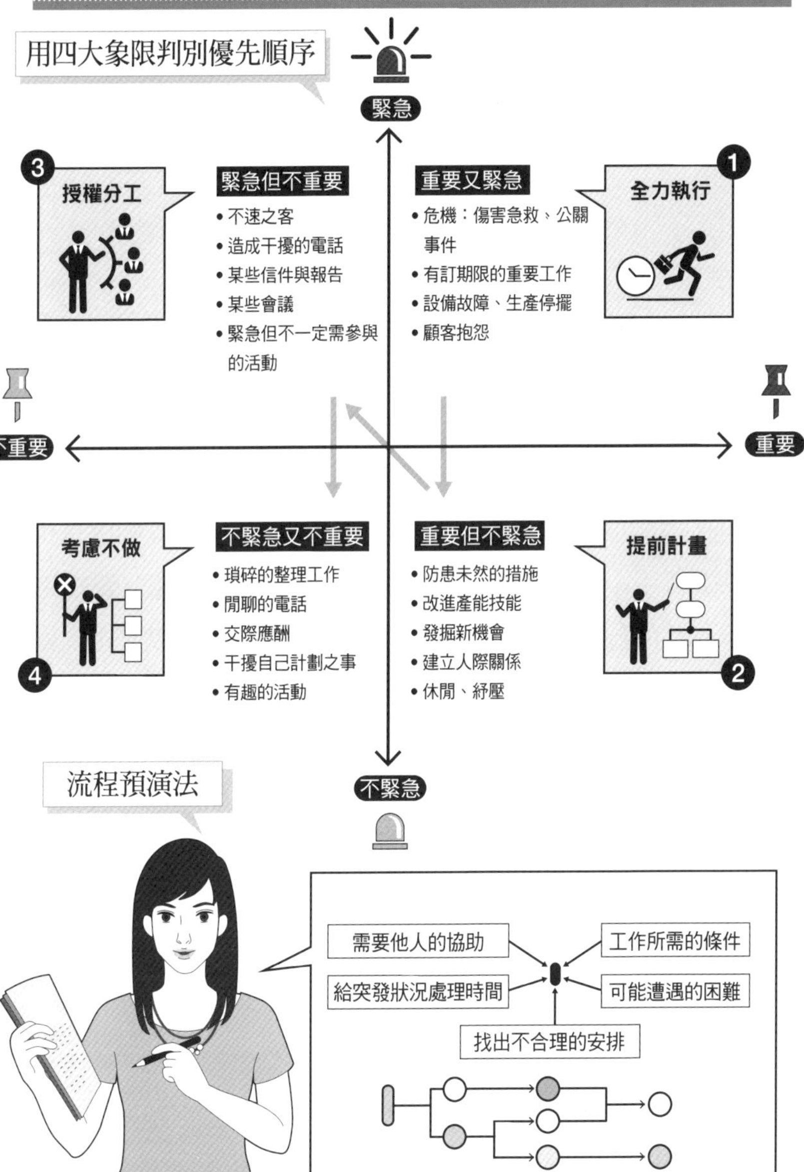
用四大象限判別優先順序
緊急
不緊急
重要
不重要
3 授權分工
緊急但不重要
• 不速之客
• 造成干擾的電話
• 某些信件與報告
• 某些會議
• 緊急但不一定需參與的活動
重要又緊急
• 危機：傷害急救、公關事件
• 有訂期限的重要工作
• 設備故障、生產停擺
• 顧客抱怨
1 全力執行
4 考慮不做
不緊急又不重要
• 瑣碎的整理工作
• 閒聊的電話
• 交際應酬
• 干擾自己計劃之事
• 有趣的活動
重要但不緊急
• 防患未然的措施
• 改進產能技能
• 發掘新機會
• 建立人際關係
• 休閒、紓壓
2 提前計畫
流程預演法
需要他人的協助
給突發狀況處理時間
工作所需的條件
可能遭遇的困難
找出不合理的安排

# 7-2 如何為突發狀況排個隊？

## 建立工作秩序，「時限」就等於「實現時間」

星期一上午8點45分，美好週休的餘韻，被一連串突發工作轟炸得硝煙瀰漫。

一進辦公室，桌面上多了一整疊處長交際費報銷單據，新進秘書需要呈會計室主管簽核同意。由於處長明天晚上就要搭飛機前往美國與客戶見面，現在也陷入會議接力賽：與處長相約9點進行半小時諮商的客戶，目前已經到達大廳；10點後還有另一個行程，新進秘書正想通知司機備車，夫人就來電要處長一回座位立刻打電話回家——這麼忙，天曉得處長回國後的行事曆會怎麼排！

接下來，新進秘書得去參加9點到10點這個梯次的員工健康檢查，哪料到一通電話進來，告知某位同仁上班途中出車禍，已緊急送醫，初步確認應無大礙。人事與部門主管趕忙進行聯繫並前往醫院探視。

「唉，希望一切沒事啊……」新進秘書正想著等一下要向處長報告，Line訊息就開始登登登，好麻吉泣訴昨天吵架失戀：「好難過Q_Q我需要安慰啦T皿T」於是計劃要跟好麻吉大吃一頓紓壓，這時新進秘書突然想到，今天是母親節早鳥訂席專案的最後一天！忙到快忘了，好一個Blue Monday啊……

## 四大原則，替突發工作排隊

「時限」就意味著「實現時間」，每一件事情都要聯繫、準備，有時候並無法依「先來後到」辦事！善用以下四大原則，建立自己的工作秩序，突發大小事務都不漏接！

### 1. 判斷輕重緩急的方法

上一節提到根據事務「重要性」、「緊急度」的四大象限來排定工作的優先順序。然而除了完成的時序，同時仍可參考關係人的多寡、合作程度，來進行排列，例如首先是「欲授權或交代他人處理的工作」，再來是「與他人聯絡或協調的工作」，最後才是「親自單獨處理的工作」。

以開場故事為例，客戶9點抵達公司，須通知上司並負責接待，而10點行程的車輛也要先確認好，儘管同時有9點的健康檢查，但應以前兩者為先，因為企業分梯次的健康檢查，每個項目都需要排隊，延遲10到15分鐘不會有什麼影響。

### 2. 預留彈性時間

行程不要安排得毫無彈性，例如主管9點與客戶洽商30分鐘，結束後回到座位還可以回夫人電話，並指示如何慰問發生意外的同仁，了解後續職務代理，並準備下一個行程，到10點再由司機接送。如果少了這半小時空檔，恐怕事情就卡住了。

**3.零碎時間的價值極大化**

健康檢查有許多項目，在同仁排隊等待的期間，新進秘書就可以用智慧型手機回覆朋友，並進行母親節宴席的預定，把瑣事塞在零碎的時間，便能輕鬆地完成許多事情。

**4.了解自己效率最高的時段**

檢查今日工作項目中，有哪些是要靜下心來自己獨力完成的？案例中，交際單據要再檢查核對一遍；處長回國後一星期的行事曆必須仔細編修，而且還要進行討論，距離完成還有一天時間，應該把這兩份工作排在自己效率最高的時段進行。

## 緊急救難隊也有SOP

突發工作連環追撞，每個人都覺得自己的事情最緊急，行政人員經常被當作緊急救難隊，而緊急救難隊也有SOP，在開場故事中看似雜亂無章又處理不完的事情，根據四大象限與四大原則，都能在時限內順利解決。

相信只要為工作建立秩序，突發事件將不再搞砸你的效率，反而是展現你井井有條的工作能力的最佳機會。

## 處理突發工作四大原則

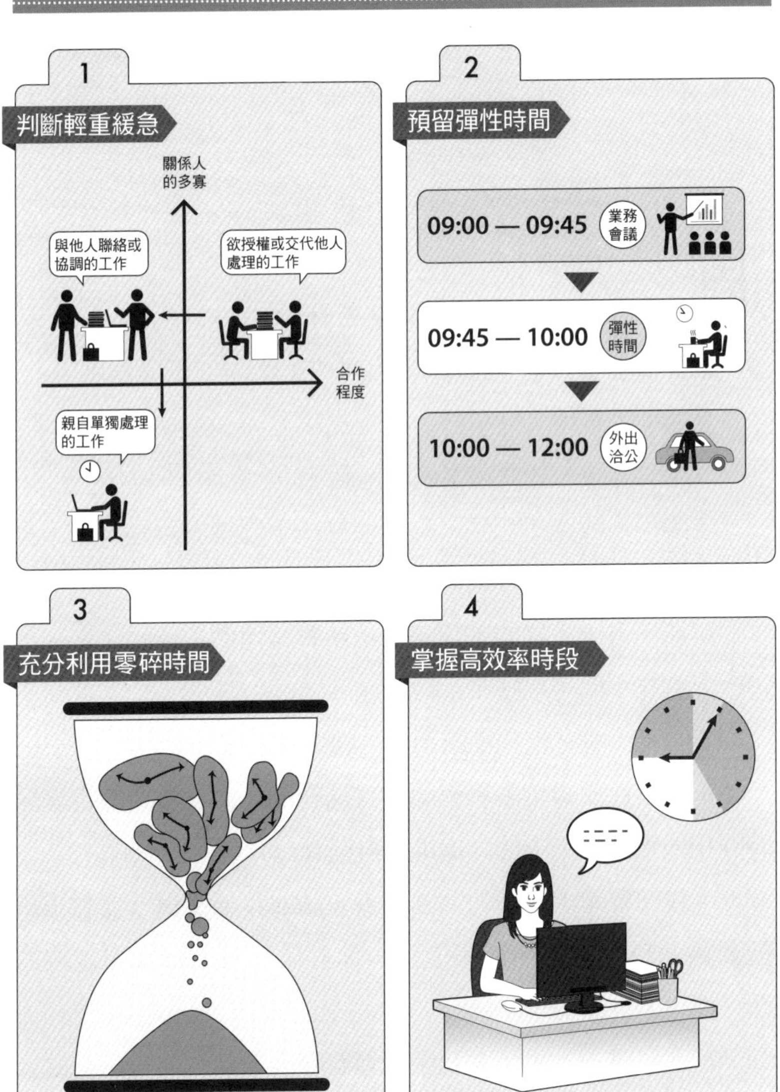
1
判斷輕重緩急
關係人
的多寡
與他人聯絡或
協調的工作
欲授權或交代他人
處理的工作
合作
程度
親自單獨處理
的工作
2
預留彈性時間
09:00 — 09:45
業務
會議
09:45 — 10:00
彈性
時間
10:00 — 12:00
外出
洽公
3
充分利用零碎時間
4
掌握高效率時段

# 7-3 老闆指令多又雜，如何如期完成？

## 「快準狠」三字經，工作效率跑第一

週二上午10點鐘。

老闆：「我上次說要跟陳董聚餐，你安排好了嗎？」

新進秘書：「是，訂在本週五中午12點半，滬園餐廳。」

老闆：「知道了。」

二十分鐘後，老闆撥了內線電話。

老闆：「我突然想到，你順便約一下周總，可是周總不喜歡吃上海菜，我看就換成台菜餐廳吧。」

新進秘書：「好的，我盡快重新聯絡他們二位的秘書，然後改訂台味小館可以嗎？」

老闆：「嗯，台味小館不錯，就這樣安排。」

正當新進秘書忙著聯繫陳董、周總的秘書，重新敲定聚餐時間和地點時，桌上的內線電話再度響起。

「我想要看上一季的財務報表，請財務部提供，還有下班前要給北京一份原物料報價單，你先做起來，等我看過沒問題，你再e-mail過去。」

新進秘書：「可是，我手上還有昨天您交代的會議紀錄要趕著整理……」

## 切忌心慌意亂，而要快準狠

每位主管都有自己的做事節奏和交辦工作的模式，有些主管喜歡一次把工作交辦給秘書或行政人員，也有些主管是福至心靈地想到一件事才交代一件事，但是不管哪一類型的主管，優秀的秘書或行政人員總是能在接收到主管的每一個指令之後，充分發揮使命必達的能力，將工作一一如期完成。

同時接收多個工作指令時，切忌心慌意亂，若是一聽到新的交辦事項就立刻著手，而忘記手邊正在進行的工作或是其他重要的待辦事項，到最後很可能會一事無成。其實，你需要做的很簡單，就是祭出「快準狠」三字經，幫助自己在有限時間內，以絕佳效率完成工作。

### 快：問清楚再做，事半功倍

首先，遇到不明確的工作分派，或無法自行決定處理方式的業務指令時，千萬不要一個人悶著頭想，或自作主張去進行，而是要「快」點向主管提問，等問清楚後再著手，這才是聰明的作法。否則一旦誤解主管的意思，只會讓自己事倍功半，甚至要花更多時間去修補錯誤，工作反而變得越做越多。

## 準：使用行動計劃表，準確判斷

為了將時間有效率地分配給各項工作，建議使用「行動計劃表」。這樣做可藉由列表的過程，「準」確判斷各項工作的要求、完成工作所需的時間，以及安排優先順序，讓工作的時間管理有表單可做依據。

**行動計劃表範例**

| 事項 | 所需時間 | 說明 | 優先順序 |
|---|---|---|---|
| 報銷老闆差旅費 | 30分鐘 | 需先取得單據<br>每月20日前報銷 | 5 |
| 安排飯局 | 20分鐘 | 與陳董、周總的秘書確認行程<br>更改餐廳預訂 | 2 |
| 草擬報價單 | 50分鐘 | 需先調查最新匯率<br>與生產部門確認 | 1 |
| 整理主管會議紀錄 | 90分鐘 | | 4 |
| 財務報表檔案 | 5分鐘 | 與財務部經理確認 | 3 |
| …… | | | |
| | | | |
| | | | |
| | | | |

## 如何讓工作「快準狠」？

快 問清楚再做，事半功倍

| 事項 | 所需時間 | 說明 | 優先順序 |
|---|---|---|---|
| 報銷老闆差旅費 | 30分鐘 | 需先取得單據<br>每月20日前報銷 | 5 |
| 安排飯局 | 20分鐘 | 與陳董、周總的秘書確認行程<br>更改餐廳預訂 | 2 |
| 草擬報價單 | 50分鐘 | 需先調查最新匯率<br>與生產部門確認 | 1 |
| 整理主管會議紀錄 | 90分鐘 | | 4 |
| 財務報表檔案 | 5分鐘 | 與財務部經理確認 | 3 |

狠 火力全開，專心工作

準 使用行動計劃表，準確判斷

**狠：火力全開，專心工作**

最後，當然就是要發「狠」工作啦！一旦開始著手該項工作，便火力全開、專心一意於工作內容上，盡量在表訂的時間內完成。此時，不妨利用電腦設定提醒的功能或是手寫MEMO，將時間切割成幾個帶狀，幫助自己更精準地掌握時間。

## 從主管的角度思考

身為秘書或行政人員，承辦的業務內容可能包山包海，若想要在時間內圓滿達成主管指派的任務，謹記「快準狠」三字經就對了！另外，記得一定要以主管的工作目標為最優先，並且從主管的角度思考每件被指派的工作的重要性。當工作排序出現衝突時，除了依經驗判斷外，直接與主管溝通，也不失為省時有效率的好方法。

# 7-4 能者要多勞，工作時間長到天荒地老？

## Do it, Delay it, Delegate it, Dump it，4Ds濾鏡助你簡化工作

資深秘書Tracy在公司已有10年的資歷，出色的工作表現，讓她成為老闆極為倚重的左右手，同時也深受同事們的敬愛與信賴。然而她在工作上的表現優異突出，似乎也為自己承攬下更多的工作量。

老闆：「一年一度的員工旅遊差不多該辦了吧？上個月公司的家庭日活動，我看你做得挺好的，同仁們的反應也很不錯，乾脆今年的員工旅遊一樣交給你去計劃好了。」

Tracy：「但這是福委會的例行業務……」

老闆：「福委會想的都是一些老套，你來做，一定會有新點子。」

接受老闆的指派後，Tracy開始收集旅遊景點資料、了解公司預算金額、團體保險等相關事宜。就在忙得不可開交之際，人資部協理也來湊一腳，希望能借重她的經驗，負責指導即將到公司實習三個月的幾位大學生……。

## 簡化工作的「4Ds濾鏡」

誠如俗語所言：「能者多勞」，在一般人的印象中，有能力者應該承擔較多的工作和責任，而身為職場的一份子，能讓主管交付更多的任務，等於是主管對個人能力的有形認同，對任何人來說，都是一件值得高興的事。

然而，真是如此嗎？來自主管的工作命令都一定要使命必達嗎？畢竟秘書、行政人員不是表演接球特技的演員，非得為了接住每一顆拋來的球，而讓自己變得手忙腳亂不可。所以，若不想讓自己化為辦公室裡日日苦情加班的一員，請攜帶簡化工作專用的「4Ds濾鏡」上班吧！

這組四片一套的「4Ds濾鏡」，分別是：Do it、Delay it、Delegate it、Dump it，將工作任務擺到濾鏡下，其本質就會立刻現形，讓你知道該怎麼應對該項工作，不至於將寶貴時間用在不該由自己處理的工作上。

### Do it：自己動手完成

第一片Do it濾鏡，是最重要的，用來協助你看清各項工作的真正本質。唯有個人的分內工作，有助於提升專業能力的新業務，才能通過這片濾鏡，列入你應該親自動手完成的工作清單中。

用4Ds濾鏡簡化工作
自己動手完成
Do it
延後再做
Delay it
委託別人做
Delegate it
丟掉不做
Dump it

### Delay it：延後再做

第二片Delay it濾鏡，則需要與Do it濾鏡搭配使用，藉以清楚辨識出受到請託且與個人業務相關、但較不具緊急性的工作，這類的工作不妨安排在稍後時段進行。

### Delegate it：委託別人做

第三片Delegate it濾鏡，用在辨明不屬於自己業務範圍，或已經得到授權可以交付他人執行的工作。藉由適度地將工作釋出，而非全部攬上身，是提升時間管理能力的一大秘訣。

### Dump it：丟掉不做

和以上三片濾鏡相較，Dump it濾鏡的使用最困難、也最需要專業眼力，方能使無謂的業務要求在濾鏡下現出原形。請拿出魄力捨棄掉這類工作，將時間保留給真正重要的工作。

## 每一分鐘都運用得當

秘書、行政人員的工作重心，無非是透過個人的努力、折衝協調，讓主管本身的工作圓滿，以及所屬單位的運作順暢。帶著這套「4Ds 濾鏡」，時時檢視手邊的工作事項，並加以分類、簡化，確保自己上班時間的每一分鐘都用得適得其所，這絕對是成功贏得主管信賴、同事尊重的不二法門！

# 7-5 同事請託推不掉，分內工作何時能做完？

## I just call to say: No, I can't help you! 勇敢奪回時間主控權

轉眼間，新進秘書已經通過三個月的試用期，成為正式員工了。但是對於自己的工作，新進秘書總是需要有人幫她提點、替她背書，而這個不二人選，當然就是前輩——資深秘書Tracy。

Dave、Mark和Tracy之前曾在同一部門工作，三個人一起完成了很多名留公司青史的業務企劃，當然也建立起深厚的革命情感。儘管Tracy已轉戰現在的部門許久，不再經手業務方面的工作，可是老同事屢屢拿著企劃書請她提供寶貴意見，她也不好意思推辭。

然後，還有像這樣令她進退兩難的電話對談。「Tracy姐，去年中秋節，妳請大家吃的柚子又甜又多汁，是在哪裡、跟誰買的啊？今年，可不可以拜託妳當揪團的發起人，幫大家團購一下？」

此後，每當桌上的內線電話鈴聲響起時，Tracy 真的好想

大喊：你們麥擱卡啊！

## 行政人員的「80/20法則」

在職場上，秘書、行政人員給人的感覺，有如令人神清氣爽的芬多精，雖然不見得是站在舞台最前方的角色，卻是幫助大家工作起來更安心、順利的重要人物。即使多數時候光環不在自己身上，但是能成為讓業務運作順暢的關鍵推手，仍然是非常有成就感的事。

不過，一旦同事對你產生過度依賴，造成你在時間管理上出現失衡狀況時，就代表你該正視此一問題了。因為在職場上「廣結善緣」儘管是對的，但若受限於這個想法，而一直在扮演濫好人，接收一堆不該由你承擔的工作，甚至影響到正常業務，那可就犯了時間管理的大忌。

由義大利經濟學家帕雷托觀察到的「80/20法則」，想必大家都非常熟悉，正好適合在此借用。基本上，行政工作當中最重要的20%的業務，例如主管的行程安排及提醒、會議準備工作、製作報表、研究數據資料等，需要你運用80%的工作時間去完成。而較為次要的80%的業務，則要想辦法在剩下的時間內執行完畢。

所以對秘書、行政人員而言，恆久的課題在於建立起「做重要的事」的習慣，而且這個習慣越早養成越好。何謂「重要

## 握有時間主控權

的事」呢？當然是取決於主管的角度，絕非你個人的想法。所有會干擾工作進行、破壞時間管理的「外務」，堅定果決地「拒絕」是唯一的解決之道。

## 勇敢而委婉地說「No」

從現在起，面對來自同事不合宜的請託，請務必保持理性和魄力，勇敢地向對方說「No」吧！

如果擔心面對面說不出口，不妨透過電話、電子郵件或通訊軟體，以此做為溝通的平台。不要擔心因此得罪人，只要好好向對方說明，相信對方一定能夠理解的。倘若真的無法推辭，就應該明確表示，僅此一次下不為例了，以避免對方日後無止境地向你提出要求。

畢竟抓緊自己的工作目標，算準時間把工作完成，才是身為秘書、行政人員真正需要磨練的工作本領，如此才能握有提升自我能力專業的金鑰匙。

# 第8章

# 手機APP應用術

**運用智慧型手機，**
**讓你的工作更有智慧**

# 8-1 別讓延誤的航班成為你的亂流！

## 傻傻地等，不如運用「航班追蹤」掌握先機

深夜，手機驚天動地響起來，老闆在那頭說：「Tina，我的飛機航班延誤了，不知何時會抵達台灣，也不確定趕不趕得及明天一早的經理人會議，明天麻煩你幫忙處理一下！」

「處理」一下？行程已定，老闆原定明天一早將親自主持這個重要會議，如果飛機起飛及抵達的時間無法確定，會議到底是取消、延期，或者照常舉行呢？趕緊打開電腦，查詢國際航班訊息。桃園國際機場的網頁顯示該班飛機「準時」。但明明老闆都說飛機delay了，怎麼可能準時呢？

距離明早八點半的會議只有幾個小時，重要的經理人都將出席，這下要如何應變？馬上打電話到航空公司詢問，電話響了半天沒人接。再打到該航空公司國外的辦公室詢問，也得不到肯定的答案，天哪！怎麼辦呢？明明在飛機上的是老闆，怎麼遇上亂流的卻是祕書呢？

# 一機在手，洞燭機先

以前，每當飛機航班發生延誤，機場尚未即時釋出相關訊息時，秘書往往只能四處打電話詢問。如果運氣不佳，打到天荒地老也未必能得到正確的訊息。儘管事前做了規劃或準備，但人算不如天算，總有那麼一些時候、一些事情會打亂工作的步調。不過自從智慧型手機當道，各種應用軟體的發達，懂得運用這些工具就能精準掌握飛機起降的時間，讓你「一機在手，洞燭機先」，扮演好行政人員的角色！

為了解決航班難以掌控的難題，首先，在非必要的情況下，盡量不要將重要會議或約會安排在主管航班抵達的當天，一來可以避免因航班延誤增加會議的變數；二來也是體貼主管，出差回來之後可以有調整時差及休息的時間。若有非安排不可的緊急會議，你可以利用手機搜尋有關航班追蹤的app，選擇屬意的免費軟體進行下載。

## 查詢航班

目前航班追蹤app的功能大同小異，一般而言，輸入航空公司的名稱或航班號碼，就能查詢飛機的動態。app還會記憶之前查過的所有航班，若主管常常搭同樣航班，便可省去重複輸入航班班號的步驟。

### 預估時間

透過這班飛機過去的起降紀錄，便可預估是否準時抵達，也可以獲知航班延遲的原因，甚至可以看到航班的飛行地圖，測知老闆目前所在位置並預估班機抵達的時間。

若遇上飛機遲遲不飛，便可以利用「通知我」這個功能，當航班有任何更新訊息時，就會收到起飛通知或是抵達通知，你就不需要牢牢盯著手機，一直檢查航班的動態，搞得自己心神不寧，無法專心工作。

### 好用的功能

如果覺得這些功能仍無法滿足你的需求，或許可以下載需要付費的Pro版app，Pro版app能夠提供更多資訊，查詢的功能也更加齊全。甚至可以查詢飛機上的座位圖，或者透過其「one touch」的設計，直接撥通航空公司的電話號碼，無須再花時間翻找電話簿、打查號台或者上網查詢了。

## 掌握行程與動態，減少變數

總之，飛機航班或許充滿變數，但是一支智慧型手機、一款好用的app軟體，能夠幫助你在工作上表現得更加專業，一手掌握老闆的行程與動態，成為行政人員中的「先知」！

# 航班追蹤app的運用

## 查詢航班

## 預估時間

## 好用的功能

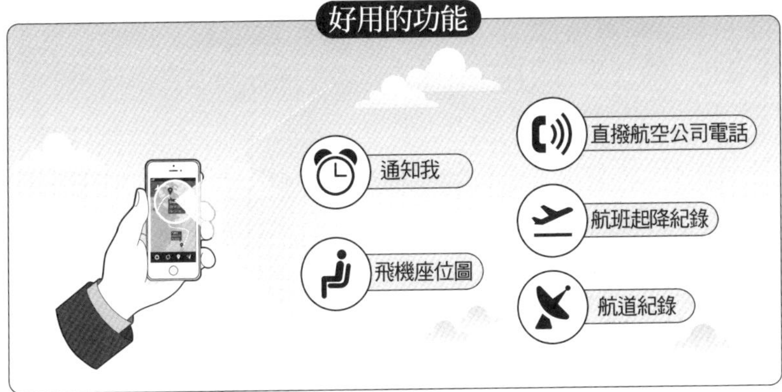

# 8-2 我的手機在哪裡？

## 尋找手機的好方法，永遠都有B計劃

老闆今天出國，資深秘書Tina正打算指導新進助理整頓混亂的檔案，這時電話響起。

另一頭傳來老闆急切的聲音：「我的手機不知道掉在哪裡了，趕緊想辦法幫我找到，然後直接送去我上海下榻的飯店，現在飛機快要起飛了，就這樣囉！等我下飛機，你再打我的另一隻手機告訴我情況！」

Tina臉上充滿問號及三條線，正想問老闆剛剛經過什麼地方、大約在哪裡以及何時發現手機不見的等線索時，老闆已經掛掉電話了。

## 不怕一萬，只怕萬一

若在以前還沒有定位找手機的app，只能拼命撥遺失手機的號碼，祈禱有好心人接起電話並且願意協助送回，然後再動用老闆兩岸三地的人脈，才有可能圓滿達成任務。

現在手機幾乎都有內建「尋找手機app」的軟體，除了協尋之外，還有多項方便的功能，譬如出國時若在國外掉了手機，回到國內下了飛機才發現，在無法取得手機的情況下，可以利用這個app遠端遙控，鎖住手機，或是在最壞的打算下刪除手機內所有資訊（慎用！這表示連尋找手機的app也要刪除，之後將完全無法追蹤），以避免手機資訊遭不肖人士利用。

## 三步驟輕鬆幫你找回手機

儘管品牌不同，「尋找手機app」的使用步驟大同小異，大致上有三個步驟：啟動app、登入帳號、尋找手機。

### 1. 啟動

將手機裡「尋找手機app」的定位功能啟動，同時註冊帳號與密碼。注意！手機在身邊時就要完成此步驟。

### 2. 登入帳號

用電腦或另一隻手機連上遺失手機品牌的官網，用註冊的帳號密碼登入此app相對應的網頁。

### 3. 尋找手機

透過衛星定位可以從地圖中看到自己手機遺失的位置。

接下來的動作，例如讓手機發出聲響（即使手機設定靜音，也會響）、鎖住或是刪除資料，端視遺失的情況調整了。

另外，Google提供Android 2.2以上的版本「Android裝置管理員」app，只要啟動手機內建的「Android裝置管理員」並開啟定位功能，日後手機遺失時，可以直接從Google「Android Device Manager」的網頁用gmail帳號登入，找尋遺失手機。

但若很不幸的，遺失的手機沒有連上網路，甚至關機，或是手機完全沒有安裝app，也沒開啟定位功能，這時就只能用最原始的方式——報警。每一支手機都有行動通訊識別條碼（俗稱IMEI碼，共15位數字），大部分的智慧型手機只要直接在撥號鍵上輸入*#06#就會自動跳出IMEI碼，再不然就是找出當初裝手機的紙盒，外盒即有一排IMEI碼。警察會根據IMEI碼追蹤手機，只要有人透過這支手機發送任何訊號，就會馬上被鎖定。

## 無痛接軌，養成備份好習慣

隨著app軟體日新月異，對手機的依賴也越來越深，因此重點是：一定要養成備份手機資料的習慣，若手機真的不見了、找不回來，直接買支新手機，將備份資料匯入新手機中，也是無痛接軌的方式。

現在大老闆的手機不見，秘書或助理也不會那麼痛苦了，因為隨時隨地都有B計劃！不怕！不怕！

## 找回手機三步驟

1
Start
啟動
定位功能
註冊帳號
與密碼

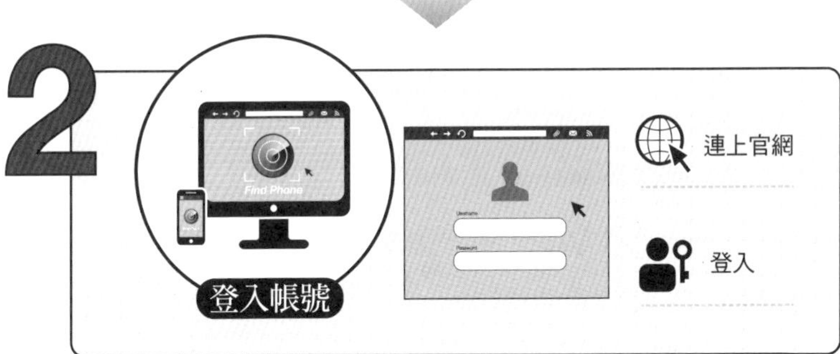
2
Find Phone
登入帳號
連上官網
登入

3
尋找手機
發出聲響
鎖住
刪除資料

# 8-3 張董的手機號碼是幾號？

## 我是辦公室裡的查號台

一同外出訪察的路上，老闆忽然想起有筆重要的訂單要跟合作公司的張董確認。

老闆：「幫我連絡張董，我要跟他確認出貨數量，這筆訂單要中午以前回覆。」

新進助理：「好的！」

「您的電話將轉接到語音信箱……」

新進助理心跳漏了一拍，怎麼轉語音？沒關係，新進助理反應靈敏地打給張董的秘書。

「嘟嘟嘟，您的電話將轉接到語音信箱……」連打了幾通，張董的秘書都沒有接。

老闆：「怎麼樣？連絡到了嗎？」

新進助理支支吾吾地把情況報告給老闆。

老闆：「打到張董的公司啊，一定能連絡上。」

新進助理冷汗直流地說：「我剛換手機，只來得及儲存他們的手機號碼，其他資料還在電腦裡。」

## 跟電話簿說bye-bye！

秘書、助理有時就像查號台，經常要幫老闆查詢某位客戶的電話號碼，或代為接通電話，看似辦公室的尋常事務，卻也是非常基本的功夫，一旦不能順利進行，就等於老闆或主管的業務直接受到阻礙。在沒有智慧型手機的年代，許多秘書外出用餐或離開辦公室時，都還會隨身攜帶著電話簿，以備不時之需。如今智慧型手機及app軟體應用廣泛，只要一機在手，你也能化身為無敵查號台。

## 三步驟：掃描、同步、匯出

第二章初步介紹過整理名片資料的app，針對實際操作以下有更詳細的說明。

### 1. 掃描

運用手機app對名片進行掃描，建立手機通訊錄中的資料。或者購買名片專用的掃描器，因附電腦軟體，便可在電腦上操作。由於手機app掃描多張名片較費時，使用名片專用掃描器便能多張快速掃描。以上兩種方法都可將名片資料存入或匯入手機的通訊錄中。此外，app的「附註」欄位方便記下與對方會面的印象與相關資料，可供日後參考、查詢並更新。

### 2. 同步

透過電腦，將名片軟體中的資料匯出至outlook通訊錄，再同步至手機通訊錄（操作細節參見下文）。若使用手機app，除了可直接存入手機通訊錄，也可透過one touch的功能，同步至gmail通訊錄中。

### 3. 匯出

將手機通訊錄依實際需要轉至outlook的通訊錄，或是轉成excel檔案的形式。也可選擇以郵件匯出的方式，直接寄到自己的e-mail信箱中，以便在電腦上操作。如果是匯出為excel檔案，可視情況調整、增加或美化表格欄位。

目前各大品牌手機系統不一，以Apple跟Andriod系統（Sumsung、HTC、Sony等）來說，第一次同步化都必須透過USB連結手機與電腦，然後在電腦裡下載各大品牌相對應的程式，譬如Apple透過itune設定、Sumsung透過Kies、HTC透過Sync Manager，設定好同步化通訊錄之後，手機只要連上網路就能擁有平日在電腦outlook中建立的整套通訊錄了。

設定的步驟並不難，如果遇到障礙，可以上所屬品牌手機官網或是向客服人員詢問，也可以到維修服務點尋求協助。至於gmail通訊錄與手機通訊錄的同步化，以Apple跟Andriod系統來說，不需要經由電腦，可以直接在手機裡設定，如果遇到設定上的問題，一樣可依照上述方式解決。

# 整理名片app應用三步驟

## 第一步　掃瞄

## 第三步　匯出

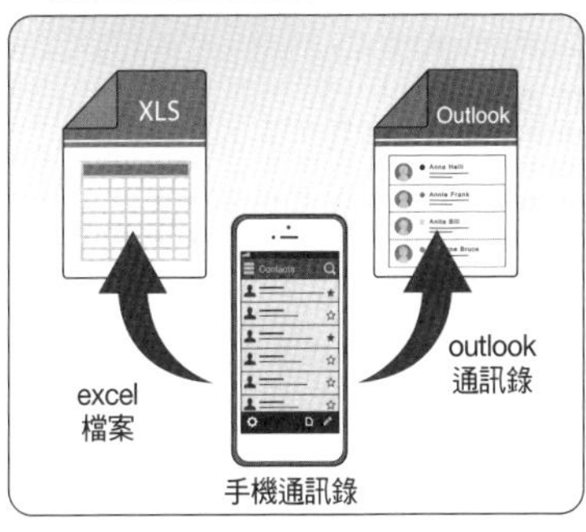


## 第二步　同步

## 擁有整套通訊錄，隨時隨地超放心

以前，秘書、助理中午外出用餐，遇到老闆來電詢問客戶電話號碼或是臨時請秘書代為連絡時，有些秘書會立刻放下正在享用的午餐，衝回辦公室處理；有些秘書則據實以告，目前人在外面，要等回辦公室才能查詢，一頓飯早已食不知味了。今天，如果還不知道完善手機通訊錄的方法，或者如故事中的新進助理，因為換手機而沒有先備份，一旦出現突發狀況，就只能急如熱鍋上的螞蟻了。

其實只要懂得善用整理名片資料的app，快速建立通訊錄，整合手機與電腦檔案，維持同步與更新，不管老闆投出哪種查詢電話號碼的變化球，你都能擊出漂亮安打，絕不揮棒落空。這種高打擊率就是優秀行政人員的最佳證明！

# 8-4 要等回到辦公室才能處理？

## 一機在手，存取無窮

Tina是一家企業總經理的資深秘書，Lily則是副總經理的新任秘書，最近兩人一起合作舉辦年度股東大會的活動，常常不在辦公室。

當Tina正在與活動廠商討論細節時，出差在外的總經理忽然來電：「你先幫我修改一下藍滙集團合約書中的交貨日期，然後再把合約書e-mail給我。」

Tina：「沒問題！十分鐘後寄給您。」

Lily心中困惑著：「十分鐘！？要如何辦到呢？」

只見Tina不慌不忙地拿出平板電腦，打開雲端硬碟把總經理要的檔案叫出來，很快地改好內容後，立即e-mail給總經理，前後花不到十分鐘。

「原來還有這招喔！」Lily對Tina投以閃亮亮的崇拜眼神。

## 行動辦公室隨時跟著你

很多中小型企業的秘書，除了是老闆的秘書、特助，也有可能是辦公室的總務、活動承辦人員等，在身兼多職的情況下經常需要外出。如果碰巧遇上老闆有要事交代，以前在沒有雲端硬碟的時代，只能等回到辦公室再處理了；而現在只要將常用以及重要的文件上傳到雲端硬碟，不管身在何處，透過筆記型電腦、平板電腦、智慧型手機等，隨時隨地都能存取檔案，等於行動辦公室如影隨形地跟著你！

市面上的雲端硬碟百百種，Google Drive、dropbox、Apple iCloud、Microsoft OneDrive、ASUS WebStorage等，只要在網路搜尋關鍵字，就能找到一連串的網頁介紹，可以先了解各家的特色、優缺點與所支援的系統，然後依照自身的需求與3C產品的系統做選擇。

**躍上雲端，存取好方便**

躍上雲端的第一步是在電腦下載雲端硬碟的軟體，包含公司跟自家的電腦，對使用者而言，就只是電腦多了一個空間存放資料，不會影響過去的使用習慣；第二步則是在行動裝置中下載該雲端硬碟app。

要特別注意的是，從手機app打開的文件大部分無法直接修改、編輯，或者需要另外透過支援文件編輯的app，才能夠編輯，但只能做簡單的編輯；平板電腦幾乎都可以編輯；在電腦中存取的檔案，則可隨意編輯。

## 跟著你跑的行動辦公室

Office

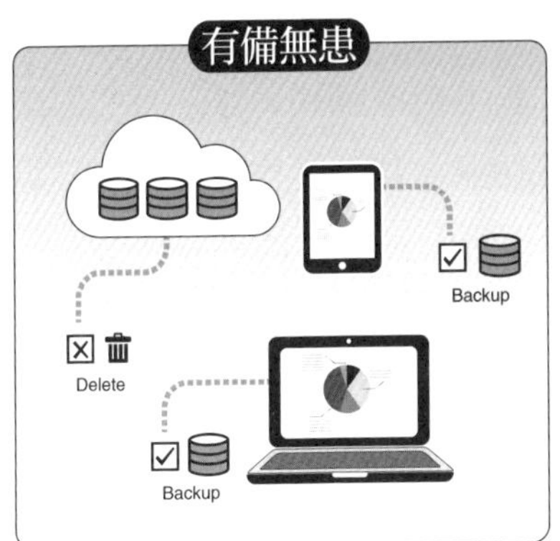
有備無患
Backup
Delete
Backup

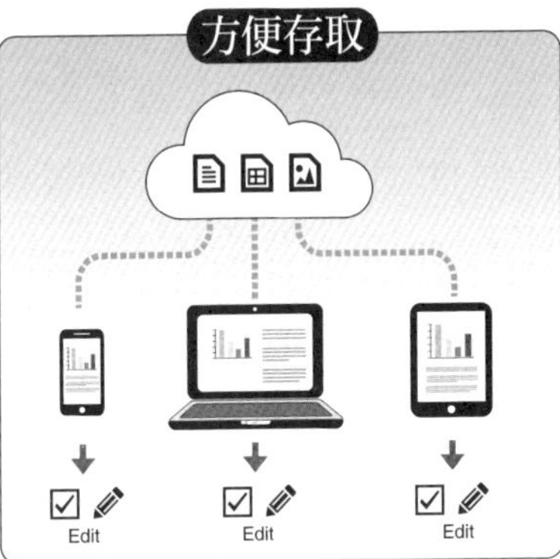
方便存取
Edit
Edit
Edit

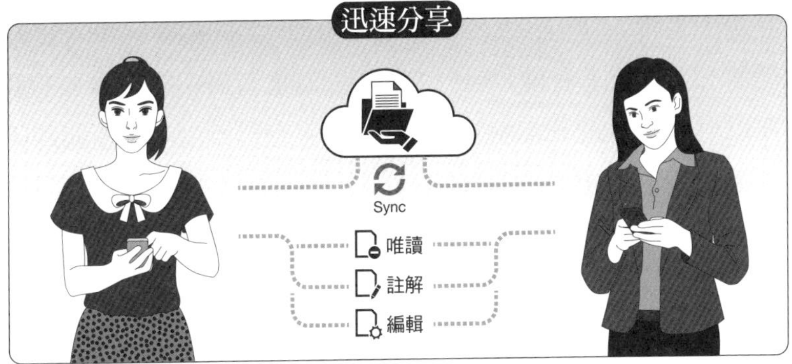
迅速分享
Sync
唯讀
註解
編輯

### 共用檔案，分享真迅速

儲存在雲端硬碟的檔案可以設定要不要公開檔案，或是設定群組分享給特定的對象，只要輸入欲分享對象的電子信箱即可，檔案有所更新時，對方就能同步擁有最新資訊。另外還可以設定共用的程度是唯讀、只能註解或是開放編輯。

### 有備無患好安心

萬一在雲端硬碟有些重要檔案被誤刪了，該怎麼辦？雲端硬碟的另一個好處是可以設定自動備份，即使檔案不小心在公司被誤刪了，回家開電腦時，記得不要連上網路，被刪除的檔案就會安然出現在家裡的電腦或是平板電腦裡，雖然有些雲端硬碟有提供跟垃圾桶一樣的還原功能，甚至能找回過去曾經編輯過的檔案，但是設定自動備份是最保險的方式。

## 從容優雅，以不變應萬變

故事中的Tina與Lily共同承辦一場活動，Tina還可以透過雲端硬碟將活動相關文件直接分享給Lily共同編輯，不管雙方任何一人更新了資料，另一人就能即時擁有最新的版本，不需要以附件的形式寄來寄去。這樣做除了存取不受限，還能避免遺漏更新，最重要的是節省時間，增加團隊的工作效率與默契。總之，雲端硬碟好處多多，善加利用，你就能在工作中從容優雅，以不變應萬變。

# 8-5 到處都是筆記？

## 善用筆記軟體，資料與記憶井然有序

老闆跟新進助理說：「我年底想要辦一場家族旅遊，打算帶阿公阿媽還有小孩一起去趟捷克，不只到布拉格，我還想造訪知名啤酒品牌的故鄉，請幫我安排一下行程。對了，這是我老婆打算參觀的捷克城堡的清單，一定要排入行程中。」新進助理心想：「捷克？啤酒與城堡？我從來沒有去過歐洲，這要怎麼安排啊！」

新進助理開始上網蒐尋，每個網頁的介紹看起來都令人嚮往不已，巴不得自己也能立刻背起行囊，到中歐當個背包客，最好還能順便遊覽一下南歐、北歐……，環遊世界也是不錯的啦。

幾位熱心的同事找到許多精彩的介紹，紛紛寄給新進助理，顯然上班族光從旅遊規劃與神遊中便能得到很大的慰藉。不到一個星期，新進助理手上的資料已經有一大堆了，正苦惱著要如何整理分類這麼多資訊時，資深秘書Tina也提供了她整理的旅遊介紹，而且全部都儲存在一個好用的app中，讓新進助理看得心癢不已，立刻請求分享。Tina爽快地回答：「那有什麼問題呢！」

## 再雜亂的資料也能井然有序

老闆通常需要秘書、助理、行政人員幫忙蒐集資料，整理會議紀錄，或完成各項交辦事項，面對眾多繁雜的資料或細如牛毛的瑣碎事，筆記app將是你的好朋友，能幫助你井然有序地記錄一切事物，筆記app眾多，譬如：Evernote、OneNote、Google Keep等，建議在了解各家功能與特色之後，選定自己喜歡的筆記app來使用。接下來以Evernote為例，大致介紹應用方法。

### 隨心所記，捕捉大小事

Evernote app透過四種記事方式開啟記事本：照片、錄音、附件或建立待辦事項，這四種方式都可以加註文字，還能標註記事地點。

### 擷取網頁，儲存資料

若是要蒐集網路上的資訊，需另外下載網頁擷取工具，網頁擷取app很多，Evernote Web clipper適用於Evernote。當你瀏覽網頁時，看到任何想要儲存下來的資料，例如餐廳、景點、地圖、飯店等，或是e-mail，只要點擊瀏覽器上Evernote的圖

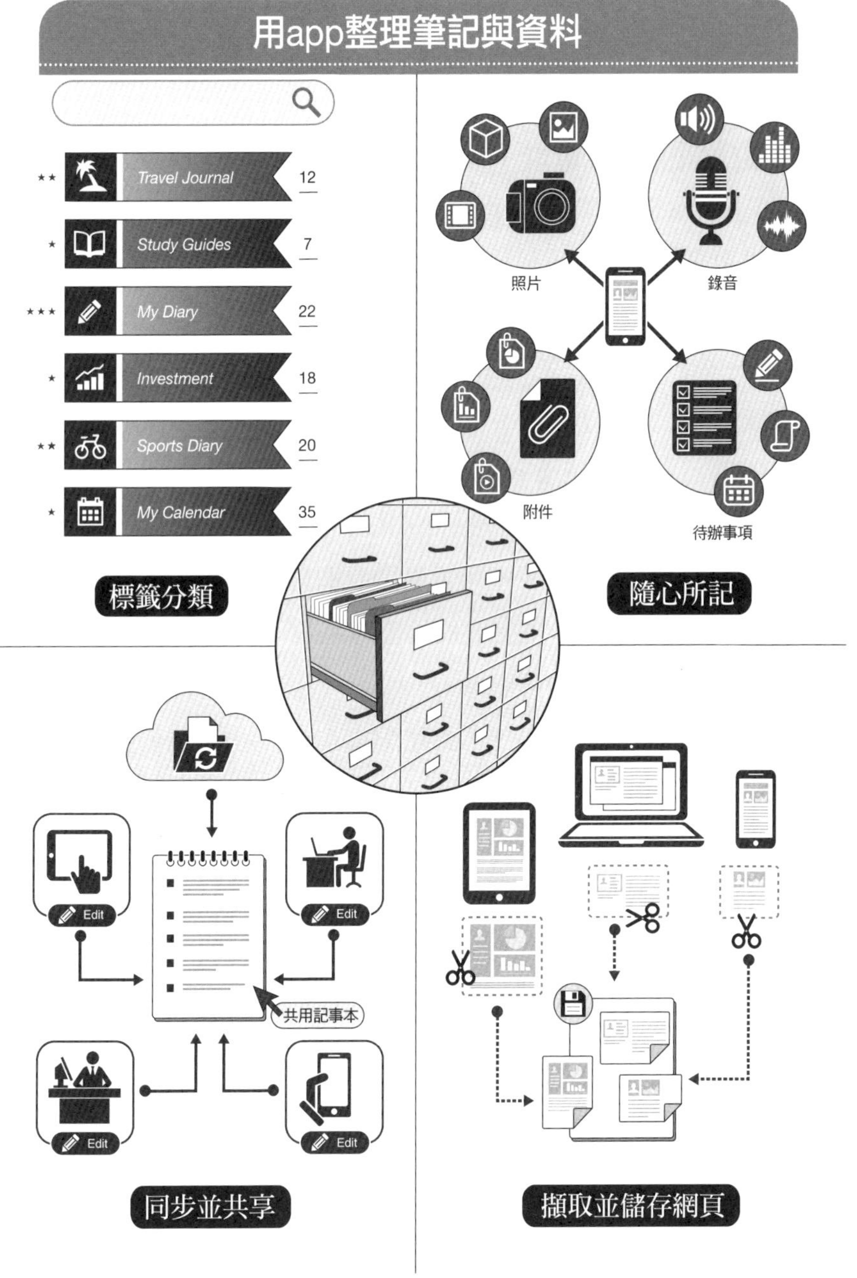
用app整理筆記與資料
Travel Journal
12
Study Guides
7
My Diary
22
Investment
18
Sports Diary
20
My Calendar
35
標籤分類
照片
錄音
附件
待辦事項
隨心所記
Edit
共用記事本
同步並共享
擷取並儲存網頁

示，就可以儲存網頁到Evernote。

### 標籤分類，搜尋關鍵字

除了依照實際需求建立不同名稱的記事本，還可以運用標籤做更細項的分類，日後查詢資料時，利用日期、標籤或是關鍵字的搜尋，便能迅速找到需要的資料。

### 雲端同步，共享資訊

Evernote廣泛支援3C裝置（智慧型手機、電腦、平板電腦）與各種系統（Android、iOS、Blackberry、Windows Mobile），不管是在家裡用電腦擷取網頁資料，或是在公司用手機寫下工作清單，Evernote的雲端系統可以自動同步更新到各個裝置，省下備份的麻煩。

此外，你還可以設定「共用記事本」，選擇與特定對象分享筆記，工作團隊裡的成員便可以共享所有的資訊。

## 工作高效，生活更便利

記事app可以彙整不同文件類型的資料，無論任何時候、任何人給你資料，不用再像以前，必須先將資料整理成特定的格式後，才能儲存下來。這類型app應用在日常生活中也很方便，隨時隨地記下點點滴滴，捕捉記憶，萬無一失！

# 8-6 四通八達的行政工作

## 從租賃車到高鐵、從路況到停車場，全都暢行無阻

新進秘書慌慌張張地跑來找資深祕書Tina：「糟糕了！老闆要到新竹拜訪客戶，我安排的租賃車在路上出了車禍，到現在都還調不到車子，這次一定會被老闆罵慘了！」

Tina不疾不徐地說：「先別緊張！跟你分享一個app，隨時可以叫車，確認之後，馬上就能得到回覆，知道車子多久可以抵達。遇到現在這種狀況，一點也不必擔心。」

新進祕書：「危機警報解除！謝謝！」

幾天後，新進祕書又急急忙忙向Tina討救兵：「有狀況！老闆臨時下高雄，要我幫他訂高鐵票，時間這麼倉促，根本來不及去取票？」

資深祕書Tina：「放心！這也有妙招，只要透過高鐵訂票app，不用取票就能夠直接進入月台搭車了。」

### 暢行無阻的app面面觀

一般而言，公司一級主管有專門座車，二級主管則是安排

租賃車，若是跨縣市的行程，除了開車，還可以選擇高鐵，隨著交通工具多樣化，也發展出各種適用的app。

### 叫車app：隨時呼叫接送車

各式各樣的叫車app，可以是一般計程車，或是普通租賃車，甚至有專營高檔名車接送的app，收費標準也不同。雖然服務各具特色，但是對秘書、助理、行政人員來說，最重要的是：這一類型的app可以透過衛星定位，持續追蹤車輛位置，掌控時程，減少突發狀況，以利於老闆後續的行程。

操作叫車app的步驟很簡單：點選上車地點→確定預約→乘車。

### 高鐵訂票app：沒有車票，照樣通關成功

高鐵訂票app可以訂位、付款、取票一次完成，若發生來不及取票或忘了取票的情況，可以請老闆按照以下的流程操作，就能順利通關。

1. 打開高鐵訂票app，到「擷取紀錄」輸入訂位時使用的身分證後四碼以及訂位代號。
2. 手機會跳出訂位的QR code車票。
3. 用手機的QR code進入月台。小提醒：使用QR Code票證進出閘門之服務僅適用於單筆單人全票訂位。

等到老闆回來後，到高鐵官網申請搭乘紀錄，就可以幫老

## 讓工作四通八達的app

叫車app

高鐵訂票 app

國道路況app

停車場app

闆報帳囉！

### 國道路況app：完整掌握，即時轉播

如果老闆決定開車出遠門，正在思考要走北一高還是北二高，此時可以藉由國道路況app掌握路況資訊，包括每一個路段的車速以及是否有交通事件，藉此避免困入車陣中。在有設置攝影機的路段，除了能看到現場的即時影像，了解車流狀況外，還可以得知目的地的天氣狀況，是否有下雨、起霧等。總之國道路況app是開車外出的好幫手，幫助老闆節省時間，快速抵達目的地。

### 停車場app：停車免煩惱

如果是自己開車的主管，比較麻煩的是停車的問題，停車場app可以解決這個困擾。只要在停車場app輸入目的地址，即可知道附近有哪些停車場。若選擇的是公立停車場，還可以看到即時剩餘車位，如此一來就能縮短找停車位的時間。

## 出外交通順暢平安

以上是針對常見情況可以應用的四種app，當然還有其他工具有助於出外通行無阻，只要略加熟悉並懂得舉一反三，一定能夠讓老闆、主管或同仁，出外洽公順暢平安！

〈附錄〉

# 與秘書、助理、行政人員合作愉快的17個撇步

## 16個no-no（禁忌）與1個yes！

即使你的工作內容和行政工作八竿子打不著，但你身處的職場一定有秘書、助理或行政人員，也會有和他們相處、共事的機會。這之間存在著一些潛規則，可能會影響到你工作事務的推動，甚至是你在老闆、主管心目中的印象。究竟要怎樣才能夠跟老闆與主管的秘書、助理、行政人員合作愉快？下面揭露16個別做的no-no與1個必須要做的yes，相信只要掌握這些原則，就可以讓你與上司之間的溝通管道順暢，工作也因而能得心應手。

### no-no 1：千萬別小看行政工作！

為什麼no-no第一條要加上「千萬」？相信讀過本書的朋友，必然會明瞭行政工作術業有專攻，其中千頭萬緒，一點也不輕鬆，如果抱著一副「秘書、助理有什麼了不起？這麼簡單的事情誰都嘛會做！」的態度，想必會招到負評，嚴重者恐怕連職場學分都要重修了。

任何人能夠在一個科層體制中久任秘書，必定有值得學習之處，因此無論如何都不該批判或輕視別人的工作，這是最基本的職場倫理。

**no-no 2：別把秘書當老媽**

許多秘書把自己定位成「辦公室裡的媽媽」，給予大家溫暖的幫助，但許多不用專業知識就能夠排解的超基本問題，還要仰賴老媽就太遜了！諸如幫沒有紙的影印機加紙、自行使用傳真機傳真、把自己的茶杯收好、座位環境保持整潔……這類事情沒道理請秘書代勞。如果你覺得所有辦公室雜事都該歸秘書管，請捫心自問有沒有把秘書當成媽媽一樣孝敬。

**no-no 3：別為難秘書做給不起的承諾**

NG論述：「你幫老闆做事，你的承諾就代表老闆的承諾喔。」

拿雞毛當令箭是職場大忌，秘書就算經手所有事，也不可能越俎代庖替老闆做決定，老闆還沒說yes，就不要為難秘書先給你一個有不確定性的yes。

**no-no 4：別自以為是秘書的老闆**

如果正在閱讀這條訣竅的你，是貨真價實的公司最高領導人——OK，你有特權跳過這一條。

每個人都覺得自己的事情十萬火急，而第一順位只有一個，當處理流程走到秘書這一關時，雙方對事情能處理完畢的時程達成共識後，請尊重秘書對工作的排程，請勿勉強別人給你無條件的優先權。

## no-no 5：別把秘書當國王人馬

在老闆、員工之間，常常需要整合多方的意見調整決策，而秘書常擔任中間人，處境十分微妙，多少會保留些能夠討價還價餘地。

如果先入為主把秘書當成老闆、上司的「國王人馬」，恐怕就縮限了協商空間，事情的處理方式並不只有yes和no的二分法。

## no-no 6：別施壓秘書替你打卡簽到

如果你是好學生，想必會厭惡那種曠課卻要同學幫忙點名簽到，期末居然拿到全勤獎的人。當場景轉換到公司職場，打卡、點名、簽到以及一些小小好處的把關者，通常都是秘書，千萬不要為了一時方便或一點蠅頭小利，就施壓秘書對不勞而獲的踩線行為網開一面，同仁與上司的眼睛也是雪亮的，務必自重。

**no-no 7：別逼秘書三催四請**

想要建立信用，評估好自己的工作狀況並且守時是基本功。如果事事都拖延到讓秘書三催四請，雙方上班的情緒與工作效率都會大打折扣。

在秘書第一次提醒時，就提報出應有的工作成果，秘書就能夠發揮比「耳提面命」更棒的服務，你也能心平氣和、不受干擾地完成下一項工作任務。

**no-no 8：別以為秘書是24小時便利店**

就算秘書的手機24小時stand by，僅記秘書也是人，他們有下班後的私人生活，放假期間也需要安心休息，這時候請將心比心，相信他們會感激涕零你的人道對待，進而湧泉以報。

**no-no 9：別讓秘書做情緒垃圾筒**

「老闆有夠機車，如此這般把大家『釘』得飛上天，你還這樣催我……」

大家都知道伴君如伴虎，秘書和你一樣，要搞定善變的老闆、上司甚至客戶。你有壓力、我有壓力，這股怨氣就算是因為「老闆那一掛人」而起，但冤有頭債有主，帳不該記在「老闆的傳令兵」——秘書身上。

**no-no 10：別跳過秘書這個窗口**

能夠直接與老闆、上司溝通聯繫很方便，為什麼要經過秘書這一關呢？

想想看，去別人家拜訪，難道不用按門鈴、說明來意，就直接闖進屋子裡？

秘書要替老闆、上司排行程、安排辦公室行事曆，你也能從秘書那邊得到許多重要資訊，因此務必保持資訊暢通。凡是和秘書職責沾上一點邊的事情，都一定要通知。

### no-no 11：別老是臨危受命

秘書除了料理行政庶務，還常扮演辦公室內折衝、溝通的角色，如果大家都在最後一刻做「有驚沒有喜」的緊急通報，還讓這樣的紅色警戒接二連三出現，心臟再強的秘書也受不了！

現代科技進步，善用網路、App與各種通訊應用程式，提前編輯行事曆，讓秘書有備無患，就算是面對天外飛來的工作，也請先送出一通狀態說明訊息，好讓秘書有心理準備應付各種狀況。

### no-no 12：別不問流程悶頭執行

簽呈怎麼跑？公司報帳如何進行？這些事情的共同特色，就是都有既定的流程，如果不照制度跑，事情就會卡關做不下去。

與其像無頭蒼蠅盲目嘗試，不如請教秘書如何執行，如果流程繁瑣難記，就務必做筆記，同時禮多人不怪，好好感謝秘書的耐心教導，讓彼此共事更順遂。

**no-no 13：別破壞既定成俗的秩序**

影印機卡紙不該丟著不管、秘書抽屜裡的公司大小章不能亂拿、會議桌上的抽取式衛生紙不可以自行獨佔……。這些細節並不會寫成明文條規，常須仰賴秘書的監督，以及大家共同的默契來運作。

許多職場上既定成俗的秩序，都是在國民教育時期經年累月溫習的基本教養，不會出了校門就變了調，別讓這些不小心，變成被秘書白眼的原因。

**no-no 14：別變成借物黑名單**

一忙就忘東忘西，簡報投影機遺忘在會議室？公務手機還在包包裡？參考資料夾不知道丟到哪個文件堆？更要命的是，秘書來催討這些公共財時，你連放到哪邊都忘了！

秘書常常肩負管理公司硬體、財產、資料檔案的責任，為了這些公物能完好流通而提心吊膽，所以東西用完就該完璧歸趙，別讓自己變成借物黑名單。

**no-no 15：別把秘書的公告當耳邊風**

許多重要但與各部門業務沒有直接相關的訊息，都得靠秘書不厭其煩地「勤跑基層」，推動「政策下鄉」。

留意秘書的e-mail及公告，仔細閱讀過內容，心中對這則訊息有基礎了解後再與秘書討論確認，並協助秘書一傳十、十傳百，這份尊重與熱心一定能讓你贏得好評。

### no-no 16：別對救球斤斤計較

再如何資深、有經驗的秘書，都難免有疏忽的時候，這時別把工作劃分得這麼仔細，能夠救球的時候就盡量救球，畢竟無論金錢人情，都是有借有還、再借不難，讓你的人際關係魚幫水、水幫魚，形成一個互利共生的循環。

### Yes 17：讚揚秘書對大家的照顧

優秀的秘書、助理、行政人員讓事情運作順利，有時候甚至讓大家忘了他們的存在。週而復始地與雜事周旋，容易讓人感官疲乏，很難累積工作的成就感，優秀的秘書、助理、行政人員除了有詳實的自我充電計劃，還需要貼心好同事的加油打氣，別吝惜在適當的時機，給他們響亮的掌聲！

國家圖書館出版品預行編目資料

7位頂尖秘書教你職場行政成功術 / 王承瑄、石恩、周純如、游美未、楊婷雅、瑪貴琴、蘇珊琉著. -- 初版.
-- 臺北市 : 商周， 城邦文化出版 : 家庭傳媒城邦分公司發行，
2014.07 面 ： 公分

ISBN 978-986-272-615-0（平裝）

1. 職場成功法

494.35 103011501

# 7位頂尖秘書教你職場行政成功術

作 者／王承瑄、石恩、周純如、游美未、楊婷雅、瑪貴琴、蘇珊琉
撰 文／余佩玲、Noax
責任編輯／程鳳儀
版 權／林心紅、翁靜如
行銷業務／莊晏青、何學文

總 經 理／彭之琬
事業群總經理／黃淑貞
發 行 人／何飛鵬
法律顧問／元禾法律事務所 王子文律師
出 版／商周出版 城邦文化事業股份有限公司
台北市104民生東路二段141號9樓
電話：(02) 25007008 傳真：(02)25007759
E-mail：bwp.service@cite.com.tw
發 行／英屬蓋曼群島商家庭傳媒股份有限公司 城邦分公司
台北市中山區民生東路二段141號2樓
電話：(02)2500-0888 傳真：(02)2500-1938
讀者服務專線：0800-020-299 24小時傳真服務：(02)2517-0999
讀者服務信箱：service@readingclub.com.tw
劃撥帳號：19833503
戶名：英屬蓋曼群島商家庭傳媒股份有限公司城邦分公司
香港發行所／城邦（香港）出版集團有限公司
香港灣仔駱克道193號東超商業中心1樓
電話：(825)2508-6231 傳真：(852)2578-9337
E-mail：hkcite@biznetvigator.com
馬新發行所／城邦（馬新）出版集團【Cite (M) Sdn Bhd】
Cite (M) Sdn Bhd
41, Jalan Radin Anum, Bandar Baru Sri Petaling,
57000 Kuala Lumpur, Malaysia.
電話：(603)9057-8822 傳真：(603)9057-6622 email: cite@cite.com.my

封面設計／徐璽工作室
插 畫／阿蛋插畫工作室
電腦排版／唯翔工作室
印 刷／韋懋實業有限公司
經 銷 商／聯合發行股份有限公司
地址：新北市231新店區寶橋路235巷6弄6號2樓
電話：(02)2917-8022 傳真：(02)2911-0053

■ 2014年07月03日初版
■ 2023年03月07日初版6.2刷

Printed in Taiwan

**定價／280元**

城邦讀書花園
www.cite.com.tw

版權所有・翻印必究 978-986-272-615-0